Hasan Saad

Novo design de pés protéticos feitos de novos materiais

Hasan Saad

Novo design de pés protéticos feitos de novos materiais

ScienciaScripts

Imprint

Cover image: www.ingimage.com

This book is a translation from the original published under ISBN 978-3-659-85777-5.

Publisher:
Sciencia Scripts
is a trademark of
Dodo Books Indian Ocean Ltd. and OmniScriptum S.R.L publishing group

120 High Road, East Finchley, London, N2 9ED, United Kingdom
Str. Armeneasca 28/1, office 1, Chisinau MD-2012, Republic of Moldova, Europe
Printed at: see last page
ISBN: 978-620-8-30594-9

AGRADECIMENTOS

Em primeiro lugar, os meus mais sinceros agradecimentos a **Deus Todo-Poderoso** pela graça e patrocínio de tudo o que contribui para o progresso e o esclarecimento e ao **Ahl al-Bait.**

Gostaria de expressar a minha profunda gratidão e apreço ao meu supervisor **"Asst. Prof. Dr. Majid Habeeb Faidh-Allah"**

Um agradecimento especial ao **"Prof. Dr. Ihsan Yahya"** que enriqueceu este trabalho com a sua experiência académica.

Andrew Hansen", "Asst. Prof. Dr. Kadhim Kamel", "Dr. Saad Al-Kafaji", e **"Asst. Prof. Dr. Jumaa Salman Chiad"** pelo apoio contínuo e pela sua ajuda e cooperação.

A minha profunda gratidão para com o meu pai, a minha mãe, os meus irmãos e as minhas irmãs pelas suas incessantes orações, apoio, orientação, encorajamento e paciência durante os meus estudos. Com profundo apreço pelo meu irmão mais velho, **"Ammar Saad"**, que me ajudou na minha vida e diria que não ficaria para sempre eremita se não fosse o seu apoio contínuo. Um agradecimento especial também ao meu amigo **"Saif Mohammed Jawad",** que me ajudou na minha tese.

ÍNDICE DE CONTEÚDOS

LISTA DE ABREVIATURAS

Abbreviate	Definition
BK	Below knee amputation
AK	Above knee amputation
COM	Centre of mass
GRF	Ground reaction force
DPW	Date palm wood
HDPE	High density polyethylene
LLDPE	Linear low density polyethylene
SACH	Solid ankle cushion heel

RESUMO

Esta dissertação diz respeito ao desenvolvimento de dois tipos de materiais compósitos, que podem ser utilizados no fabrico de um pé protésico de design ótimo, com um custo razoável e com propriedades mecânicas aceitáveis. O estudo da madeira de tamareira e os seus efeitos nas propriedades mecânicas do polietileno têm recebido pouca atenção. No entanto, as caraterísticas do compósito foram investigadas através de ensaios de tração e de impacto. Verificou-se que o módulo de Young de 40% de polietileno de alta densidade (HDPE) preenchido com 60% de madeira de tamareira (DPW), aumentou significativamente para 80% em comparação com os valores de HDPE puro. Além disso, as tensões de cedência e de rutura foram melhoradas, sendo aproximadamente 2 vezes superiores às observadas para o HDPE puro, enquanto o alongamento na rutura e a energia de impacto diminuíram significativamente. Por outro lado, verificou-se que a adição de 10% de polietileno linear de baixa densidade (LLDPE) a 90% de HDPE aumentou o alongamento na rutura para 27% em comparação com os valores do HDPE puro, enquanto a tensão final, a tensão de cedência e a energia de impacto diminuíram.

O objetivo deste trabalho foi investigar as próteses actuais para otimizar a conceção e a construção de uma prótese mais parecida com o ser humano. Ao realizar tal projeto, a nova prótese exibirá uma gama mais ampla de caraterísticas do que as exibidas nos pés protéticos actuais. Ao fazê-lo, os dois novos modelos de pés protésicos fabricados a partir de materiais (co-polímeros e materiais compósitos) representarão melhor as funções inerentes a um pé humano normal no que respeita às diferentes propriedades mecânicas dos mesmos. As caraterísticas envolvidas na marcha normal incluem o teste de dorsiflexão do pé. As caraterísticas exibidas no pé novo fabricado e testado são comparadas com as do pé SACH (Solid Ankle Cushion Heel). As caraterísticas exibidas pelas próteses que se comparam favoravelmente com as de um pé humano foram investigadas mais aprofundadamente. A parte analítica apresenta os resultados da análise estática através de métodos numéricos (Método dos Elementos Finitos FEM) pelo ANSYS Workbench 14 e métodos experimentais. Assim, o novo pé foi projetado e a dorsiflexão foi medida.

Os dois novos modelos de pé protésico de (HDPE e LLDPE) e (HDPE e DPW) têm boas caraterísticas, tais como bons ângulos de dorsiflexão e vida útil dos ciclos do pé, respetivamente (9° e 2.193.228 -7,5° e 1.049.135), respetivamente, quando comparados com o pé SACH de dorsiflexão (6,4° e 896213), em que o ângulo de dorsiflexão confortável para o doente é de 8°-9°.

Globalmente, o pé não articulado (PEAD e PEBDL) é comparado com o pé SACH em termos de custo e de peso, pelo que o custo do pé não articulado é inferior ao do outro em cerca de (60%), tendo-se igualmente verificado que o novo peso é mais leve do que o do outro em cerca de (2,4%).

De um modo geral, o pé não articulado (HDPE e DPW) é comparado com o pé SACH em termos de custo e peso, pelo que o custo do pé não articulado é inferior ao do outro em mais de (85%), verificamos também que o novo peso é mais leve do que o do pé SACH em cerca de (51,33%), o que seria mais confortável para o doente.

Foram demonstrados os resultados de dois modelos que contribuíram para melhorar a capacidade do design e da prótese para fazer corresponder as caraterísticas mecânicas dos pés protésicos aos parâmetros específicos do doente, incluindo necessidades, capacidades e caraterísticas biomecânicas.

CAPÍTULO 1

INTRODUÇÃO

1.1 Geral

O pé pode oferecer um grau extremamente elevado de estabilidade e atividade, e não só suporta o peso de todo o corpo. É uma das partes importantes do corpo humano, que as pessoas contactam com o solo, mas tem multi-funções, tais como extensão, compressão, tortuosidade, salto, absorção de choques e fricção[l].

As próteses ganham muito com estes estudos transversais e com a investigação que examina a adaptação a novos membros protésicos. A adaptação a um membro protético é um desafio profundo para um amputado, independentemente da idade, saúde geral ou motivo da amputação. A maioria da investigação que aborda a biomecânica da marcha de amputados de membros inferiores utiliza desenhos de investigação transversais **[2].**

A neuroartropatia e a osteomielite podem resultar numa destruição grave dos ossos do pé e do tornozelo, especialmente em doentes diabéticos. A amputação e a excisão dos ossos envolvidos resultam numa biomecânica alterada, em novos pontos de pressão, úlceras calosas e portais para infecções dos membros e de risco de vida nestes doentes diabéticos imunocomprometidos**[3],**

A amputação das extremidades inferiores é o nível mais comum de amputação tanto na população civil como na militar. Estes dois grupos, embora exteriormente semelhantes, têm etiologias muito diferentes que levam à amputação e têm preocupações dramaticamente diferentes com a reabilitação e as próteses que existem ao longo das suas vidas. Um militar com amputação da extremidade inferior depende de uma variedade de dispositivos e componentes protéticos para maximizar a reabilitação e a integração para a independência. A prescrição, adaptação e treino corretos dos dispositivos protésicos dos membros inferiores são fundamentais para uma utilização e reintegração bem sucedidas **[4].**

Os actuais modelos de próteses oferecem uma vasta gama de opções para os amputados abaixo do joelho. A escolha adequada da prótese pode melhorar significativamente o conforto e o desempenho do doente. No entanto, a maioria dos tornozelos protéticos atualmente disponíveis não fornece energia suficiente para impulsionar o corpo para a frente[5J.

Um elemento importante da seleção do componente protético é um pé protético adequado[6].

1.2 Condições de amputação

1.2.1 Causas e implicações

A amputação define uma condição em que se verifica a perda de um membro. As amputações dos membros superiores e inferiores são classificadas em quatro categorias principais: disvasculares, cancro, traumatismos e anomalias congénitas.

1.2.2 Amputação disvascular

A amputação disvascular parece estar altamente ligada à diabetes.

1.2.3 Amputação traumática

Os acidentes de viação ou de trabalho são frequentemente as causas de amputação traumática, mas as situações de violência, como o tiro ou a guerra, também podem ser o motivo [7].

1.2.4 Amputação relacionada com o cancro

Este tipo de cancro (osteossarcoma) afecta as epífises dos ossos longos, principalmente o fémur, durante os períodos de crescimento rápido. Embora a etiologia deste cancro raro seja desconhecida [7],

1.2.5 Amputação congénita

Esta doença afecta normalmente os membros superiores, mas pode também afetar os membros inferiores. A falha na formação, diferenciação, duplicação de partes, crescimento excessivo e comprometimento da circulação sanguínea são as principais razões para a amputação congénita. Situações como a constrição da posição fetal, distúrbios endócrinos ou distúrbios cromossómicos podem causar estas anomalias congénitas **[8 e 9].**

1.3 Marcha normal

A marcha humana pode ser definida como uma sequência repetitiva de movimentos dos membros para fornecer ao corpo apoio e propulsão. É necessário compreender a marcha normal antes de analisar a marcha patológica. No entanto, a terminologia utilizada para descrever a marcha humana varia consideravelmente de uma publicação para outra **[10 andll]**. O ciclo da marcha humana consiste na fase de postura e na fase de balanço.

Uma sequência única de movimentos de um membro individual que resulta no movimento para a frente do corpo é chamada de ciclo de marcha (CG). As diferentes fases são definidas de acordo com a posição e as relações cinemáticas do membro durante a marcha. **A Fig. (l-l)** identifica as relações entre os diferentes termos utilizados na descrição de um ciclo de marcha. Como os movimentos dos membros são contínuos, é difícil especificar o ponto inicial ou final de um ciclo.

O momento de contacto com o chão é normalmente selecionado como o início de um ciclo de marcha. É geralmente designado por contacto inicial ou batida do calcanhar (em alguns andamentos patológicos, os doentes não contactam o chão com o calcanhar) **[5]**.

Cada ciclo de marcha pode ser dividido em 2 períodos: postura e balanço. A duração de um ciclo completo de marcha é conhecida como o tempo de ciclo. A distribuição normal é de aproximadamente 60% para a fase de postura e 40% para a fase de balanço. O ciclo da marcha pode ainda ser dividido em 8 fases. Os períodos são divididos pelo contacto do pé com o solo, e cada fase é determinada pela função de um membro. Quatro fases da marcha estão envolvidas no avanço do membro: pré-balanço, balanço inicial, balanço médio e balanço terminal. A maior quantidade de torque e energia do tornozelo é gerada durante esta tarefa **[5]**.

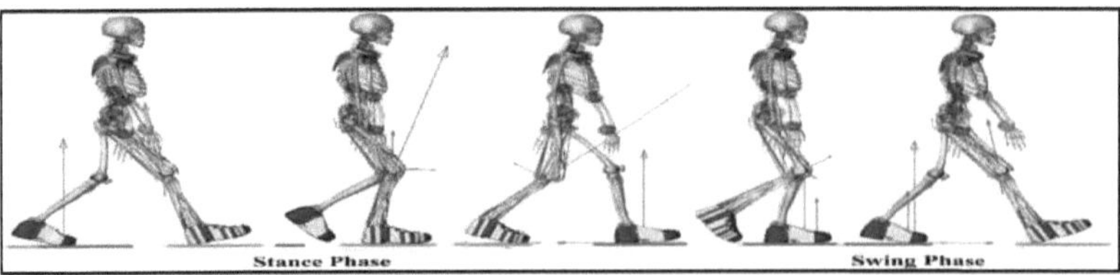

Fig. (l-l): Simulação dinâmica da marcha em que as setas vermelhas representam a magnitude das forças de contacto das articulações e das forças de reação do solo **[12]**.

1.3. 1Análise fundamental do ciclo da marcha

A fase de postura é responsável por aproximadamente 60% e a fase de balanço por 40% do ciclo total da marcha. A fase de postura é dividida num número de subfases que incluem a fase de aceitação do peso, a fase de postura intermédia e a fase de empurrar. A fase de balanço também foi dividida em balanço precoce e tardio[12].

1.3.1.1S nálise da fase de equilíbrio [12]

A análise das fases do ciclo da marcha consiste em:

*Contacto inicial .

*Resposta de carregamento (0-10)%.

*Posição média (10-30)%.

* Posição final (30-50)%.

*Pré-balanço (50-60)%.

1.3.1. 2Análise da fase de oscilação [12]

A análise da fase de balanço do ciclo da marcha consiste em:

*Balanço inicial (60-73)%.

*Meio de oscilação (73-87)%.

*Balanço terminal (87-100).

1.4 Peças protéticas

A construção geral da prótese pode ser de um design endosqueletal, em que o tubo ou pilão transmite o peso do corpo do membro residual para o

O pé e é depois coberto com uma cobertura cosmética de espuma macia. As partes da prótese são apresentadas na **Fig. (l-2) [13].**

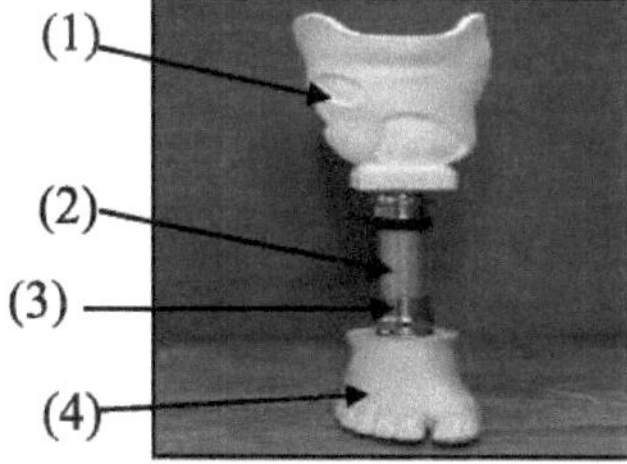

Fig. (l-2): As peças protésicas **[13].**

1) Tomada 2) Pilar (haste) 3) Adaptador 4) Pé protético.

1.1.1 A tomada

O encaixe é a interface entre o doente e a prótese, é uma parte importante para o doente porque é responsável pelo seu conforto, uma vez que a mobilidade é frequentemente restringida pelo desconforto[14].

1.1.2 O pilão (haste)

A haste corresponde à parte inferior anatómica da perna, e é utilizada para ligar o encaixe ao conjunto tornozelo-pé. Numa haste endosqueletal, um pilão central, que é um suporte vertical estreito, repousa dentro de uma cobertura cosmética de espuma [14].

1.1.3 O adaptador

O adaptador é a interface entre o pilone

(haste) e o pé protético para se adaptar à prótese **[14].**

1.1.4 O pé

Os pés protéticos são classificados de acordo com a sua função e caraterísticas. A compreensão da função e do desenho do pé protético ajudará os médicos a selecionar os pés mais adequados para as actividades do doente. O pé protético é a interface entre o doente e o solo e, idealmente, deve imitar a

pé anatómico perfeito. No entanto, é difícil atingir este objetivo. Os pés protéticos vão do simples ao complexo, na tentativa de imitar a função anatómica. A articulação anatómica no tornozelo e no médio-pé afecta grandemente a eficiência e a suavidade da marcha. Pode aumentar a estabilidade do joelho, e um pé multiaxial pode aumentar a base de apoio ao acomodar terrenos irregulares. A simulação da articulação protética pode ser conseguida através da verdadeira articulação do pé protético, bem como da compressão do próprio pé. Relacionado com o movimento das articulações está a absorção de choques, outra caraterística crítica que o pé protético deve imitar. O pé deve amortecer o impacto na resposta à carga durante a marcha. Isto é necessário para diminuir as forças transmitidas ao membro residual. Um exemplo disto é o calcanhar compressível do pé, como se mostra na **Fig. (l-3).** Na resposta à carga, o calcanhar do pé protésico comprime, emulando a contração excêntrica dos dorsiflexores. Isto é referido como flexão plantar simulada ou relativa **[14].**

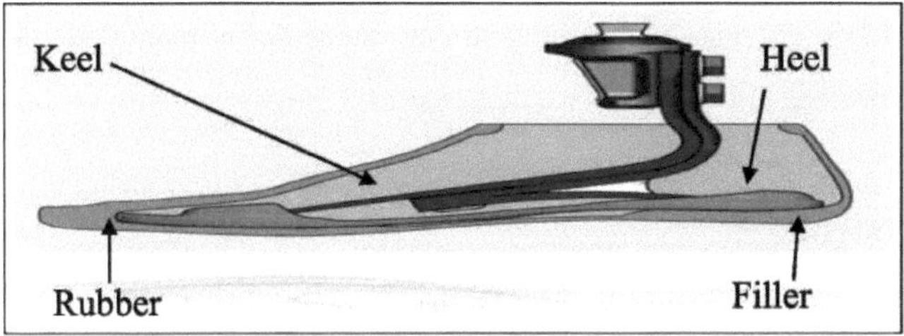

Fig.(I-3): Pé de fibra de carbono Otto bock[14],

1.5 O desenho do pé protético (SACH)

1.5.1 A quilha

A função de uma quilha dentro da prótese é proporcionar a transferência de energia desde a batida do calcanhar até à saída do dedo do pé e a dorsiflexão necessária para a deambulação natural. Dependendo da quantidade de espuma envolvente, também proporciona propriedades rotacionais, como a eversão e a torção **[14 e 15],**

A quilha a utilizar na nova prótese é de um desenho modificado do Seattle Natural Foot, utilizando um material compósito de Delrin II, nylon, e intermediário

borrachas de poliuretano. Os testes indicam que o design da quilha do Seattle Natural Foot gera as caraterísticas desejadas de forma mais favorável do que outros pés protéticos. A quilha será concebida de modo a permitir um maior binário. Utilizações de design semelhantes são encontradas na Otto Bock, como mostrado na **Fig. (I-3) [14 e 15].**

Através de testes de impacto do calcanhar, a adaptação de uma secção à quilha melhora as caraterísticas de absorção de impacto da prótese. Por conseguinte, a conceção da secção na quilha também aumentaria a absorção de impacto da nova prótese **[14 e 15],**

1.5.2 O calcanhar

A função de uma prótese de calcanhar, como se mostra na **Fig. (I-3),** é proporcionar a absorção do impacto no momento da batida do calcanhar e também fornecer a energia cinética necessária para uma transição suave entre a batida do calcanhar e a saída do dedo do pé. O calcanhar a utilizar na nova prótese é uma cunha de calcanhar Otto Bock SACH IS70, que utiliza um poliuretano de baixa densidade, semelhante a uma esponja, e fibra de carbono dos fabricantes. Através de testes de impacto, a cunha Otto Bock indicou o maior potencial de armazenamento de energia, que é utilizado para aumentar a quantidade de dorsiflexão produzida pela prótese **[14 e 15]**.

1.6 Materiais de enchimento

A função do enchimento, como se mostra na **Fig. (1-3)**, é proporcionar uma cosmese durável e esteticamente agradável e complementar o outro componente no desempenho das caraterísticas desejadas. A densidade e a quantidade de enchimento são importantes na torção em torno do tornozelo, uma vez que a quilha requer a capacidade de torção. A densidade e a quantidade de espuma em ambos os lados da quilha proporcionam as propriedades de eversão da prótese. O resultado do enchimento acima da quilha deve ser reduzido ao mínimo para manter as propriedades elásticas da quilha **[14 e 15]**.

1.7 Caraterísticas do pé protético

1.7.1 Em geral

Um dos factores-chave na conceção de uma nova prótese é a análise da resposta do movimento da marcha de um amputado, incluindo:

- Dorsiflexão: devida principalmente à deflexão da quilha e de eventuais borrachas intermédias, para-choques ou articulações multiaxiais.

Eversão: deve-se principalmente à deformação da quilha e à deflexão das borrachas em torno da base da quilha.

- Torção: devida principalmente à distorção da quilha no interior da espuma circundante.
- Retorno de energia: devido às propriedades elásticas da quilha e das borrachas.
- Absorção do impacto: principalmente devido ao calcanhar **[14 e 15]**.

O centro de gravidade do corpo move-se continuamente para cima e para baixo enquanto caminhamos. A amplitude desta oscilação vertical é de cerca de 5 cm. Ao mesmo tempo, a velocidade de avanço do tronco está a aumentar e a diminuir alternadamente, de modo que, quando o pé dianteiro atinge o solo, o tronco está no seu ponto mais baixo e a velocidade de avanço está no seu máximo. Quando o pé oposto está na fase de balanço, o tronco está no seu ponto mais alto e a velocidade de avanço é mínima **[15]**.

O centro de gravidade também se desloca 3 cm para cada lado da linha média, de modo a aproximar-se mais do pé de apoio. Estas deslocações do tronco e as alterações da velocidade horizontal são o resultado das forças exercidas pelos músculos da perna. O binário registado pela placa de força representa a medida em que os tecidos do pé resistem às forças de rotação que lhes são impostas pela perna. O pé exerce um binário de rotação interna entre 2 e 5 Nm no início da fase de apoio, seguido de um binário de rotação externa entre 3 e 10 Nm no final da fase de apoio **[15].**

1.7.2 Dorsiflexão no pé protésico

Quando o pé fica plano, a perna rola sobre o pé até atingir um pico de dorsiflexão de 8 a 10 graus. À medida que o calcanhar se eleva do chão, o tornozelo flecte para uma posição de 18 a 23 graus. Na parte final da postura, a quantidade de flexão plantar atinge até 30 graus. A Fig. (l-4) ilustra o que acontece com os pés [15 e 16].

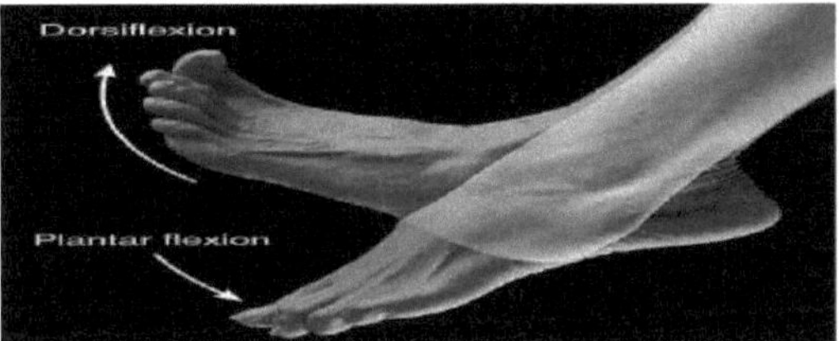

Fig. (l-4): Flexão plantar e dorsiflexão[15].

1.7. 3Retorno energético do pé

A capacidade de armazenamento de energia das próteses é muito importante para reproduzir o movimento de um pé sadio. No funcionamento de um pé sadio, a energia é armazenada durante a fase de postura da marcha e é libertada aquando da transferência de peso.

A Fig. (l-6) mostra o ciclo completo de um pé sadio, em que HC é o contacto com o calcanhar, FF é o pé plano, HO é o salto e TO é a saída do dedo do pé. O tornozelo está na posição neutra no momento em que o calcanhar toca no chão. Para que o pé fique plano no chão, o tornozelo tem de fazer uma flexão plantar de 12° a 15°. Assim, o pé fica plano em 9% do ciclo e em 63% do ciclo para o outro pé. A capacidade de um pé protésico armazenar energia é importante para fornecer um impulso suficiente para o resto da prótese rolar sobre o pé. Um membro saudável liberta uma média de 15,74 J, armazena uma média de 14,18 J e, por conseguinte, tem uma eficiência de 119,6% [17].

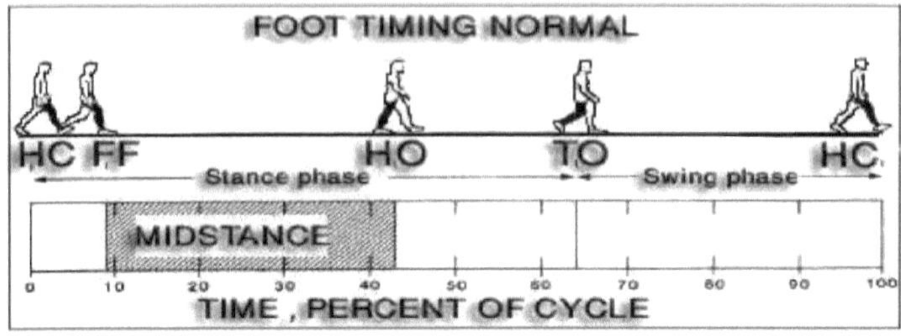

Fig. (l-5): Tempo normal do pé **[17].**

1.8 Pé de resposta dinâmica

O pé de resposta dinâmica tem uma quilha deformável do tipo mola que proporciona uma sensação viva e reactiva enquanto o doente caminha. À medida que a quilha se deforma sob carga, absorve o choque e regressa rapidamente à sua posição original quando a carga é removida. O armazenamento e o retorno de energia (ESAR) incluem o seguinte: aumento da velocidade de marcha auto-selecionada, aumento do comprimento da passada, diminuição da força de aceitação do peso do lado do som e aumento da **força** de propulsão do lado da prótese**[18 e 19].**

Dinâmico significa que a velocidade de carga ou de deformação é elevada em comparação com o caso quase estático. Existem vários tipos de cargas dinâmicas. Estes incluem ensaios de tração ou compressão a alta velocidade, como os ensaios de impacto, e ensaios de fadiga [20],

1.9 Objectivos da tese

Esta investigação tem por objetivo

l) Conceber um novo pé protésico (não articular) com boas caraterísticas, incluindo uma boa dorsiflexão (para conforto do paciente ou do amputado), a idade do pé e a capacidade de se manter durante muito tempo.

2) Escolher um novo material para a conceção de um pé protésico que seja leve e com caraterísticas mecânicas elevadas.

objectivos, devem ser realizados os seguintes pontos de investigação:- a-Desenhar o pé ideal de acordo com o padrão do mundo e processar testes como a dorsiflexão.

b-Testar o material sugerido para o fabrico do pé protésico, como o teste de tração.

c-Análise de um novo pé protético utilizando o AutoCAD e o Ansys Workbench versão 14.

1.10 Abordagem de fluxograma

O fluxograma apresentado na **Fig. (l- 6)** representa o funcionamento das etapas experimentais e numéricas:

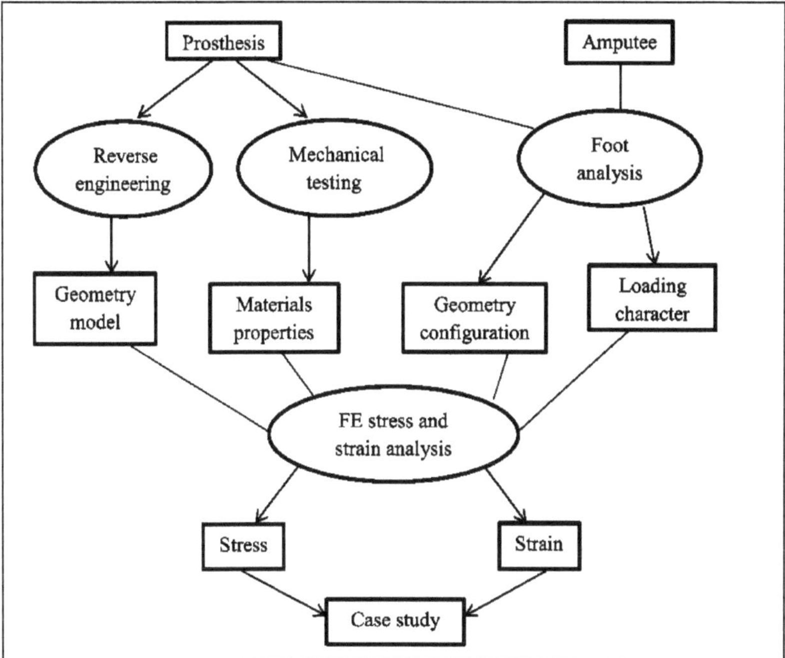

Fig.(l-6): Fluxograma do procedimento para esta tese.

1.11 Esboço da tese

O **primeiro capítulo** apresenta uma introdução geral à amputação e às suas causas e níveis, aos polímeros e às suas utilizações compósitas, à marcha normal, à otimização do conceito, às peças protésicas, à conceção do pé protésico, aos materiais de enchimento, aos objectivos da tese e às linhas gerais da tese.

O capítulo dois trata de uma pesquisa bibliográfica sobre a conceção óptima do pé protético composto, geralmente realizada por outros.

O capítulo três analisa os componentes óptimos do pé protésico para assegurar uma reabilitação bem sucedida do amputado e continua a ser um problema difícil do ponto de vista matemático e numérico.

O capítulo quatro envolve os trabalhos experimentais que incluem o exame de dois modelos de pé não articulado. Antes de um novo pé protésico poder ser apresentado ao público em geral, é necessário efetuar alguns testes para garantir que os padrões de marcha não são tão anormais que possam causar dor ou lesões. No entanto, são recomendados muitos testes experimentais para a conceção e fabrico do membro artificial.

O capítulo cinco apresenta os resultados e as respectivas discussões para os trabalhos numéricos e experimentais e compara-os entre si.

Por último, **o sexto capítulo** apresenta as principais conclusões gerais que podem ser retiradas deste trabalho e, por conseguinte, as possíveis recomendações sugeridas para os trabalhos futuros nos domínios correspondentes.

CAPÍTULO 2

REVISÃO DA LITERATURA

2.1 Geral

As próteses das culturas antigas começaram por ser simples muletas ou taças de madeira e cabedal, como se pode ver em algumas das mais antigas cerâmicas recuperadas. A maioria dos pés protéticos foi concebida com o objetivo de restaurar a marcha básica e as tarefas profissionais simples. Contudo, os amputados activos ou atléticos exigem mais do que este mínimo de deambulação das suas próteses. Estes indivíduos têm como objetivo adicional serem capazes de correr, saltar e participar em desportos. A procura de próteses capazes de níveis mais elevados de desempenho moldou o desenho e fabrico do chamado pé "armazenador de energia", um pé capaz de armazenar energia durante a postura e devolvê-la ao amputado para ajudar na propulsão para a frente na postura tardia. Este pé foi concebido com grande sucesso clínico e rapidamente se tornou uma força motriz na conceção de pés protésicos[21J.

2.2 Revisão da literatura sobre o teste do pé

Existem diferentes tipos de testes de pés, mas o mais comum é o chamado (pé SACH), uma vez que foi desenvolvido no início dos anos 50 pela Universidade da Califórnia. As numerosas investigações têm comparado diferentes tipos de pés protésicos através de testes mecânicos, análise da marcha, força de reação do solo, retorno de energia e teste de fadiga. As caraterísticas de durabilidade e fadiga do pé protésico são muito importantes para decidir que tipo de pé protésico deve ser prescrito a um determinado doente. Por conseguinte, vários estudos efectuaram um ciclo de pés protésicos para avaliar a sua durabilidade e usar um aparelho de teste cíclico que imita a marcha natural [22].

Daher R. L., em 1975 [23], efectuou uma investigação extensiva na qual nove tipos de pés SACH foram submetidos a ensaios cíclicos para avaliar a durabilidade dos materiais e a conceção do pé até ocorrer uma avaria. O pé foi submetido a 500 000 ciclos a uma carga que simulava um amputado ativo com um peso aproximado de 100 kg, o aparelho de ensaio de fadiga de Daher é apresentado na **Fig. (2-1).**

Daher constatou que as principais deformações permanentes e alterações na resistência do calcanhar ocorreram em apenas 5.000 ciclos.

Fig.(2-1): Ensaio de fadiga de Daher[23].

A distribuição da pressão sob o pé durante actividades estáticas foi relatada por **R. Arvikar e A. Seireg em 1980 [24], que** construíram um conjunto de transdutores de anel extensométrico para medir as cargas verticais sob os cinco metatarsos e o calcanhar durante a inclinação para a frente a partir da posição vertical simétrica.

A distribuição das reacções do solo parece favorecer os metatarsos laterais, com uma contribuição comparativamente menor do primeiro metatarso, estruturalmente maior. A distribuição da pressão em geral parece favorecer os metatarsos laterais e é significativamente influenciada pela forma como o pé é posicionado no conjunto do transdutor.

Toh S. L., et al em 1983 [25], evitaram a carga complexa. Eles utilizaram uma máquina simples que não imitava a marcha, mas aplicava cargas verticais cíclicas apenas no calcanhar e no antepé. Os pés foram testados dinamicamente.

Tanto o calcanhar como o dedo do pé foram testados com cargas axiais cíclicas sinusoidais com um pico de 1,5 vezes o peso corporal a 2 Hz durante um máximo de 500 000 ciclos. Foram efectuados testes de deflexão da carga estática entre os ciclos para detetar alterações das propriedades mecânicas do pé.

Wevers H. W. e Durance J. P. em 1987 [26], efectuaram testes dinâmicos em pés protéticos SACH, mas carregaram as próteses transtibiais inteiras e não apenas o pé. Os seus resultados foram semelhantes aos **de Daher**, com desgaste rápido e falhas dos componentes estruturais dos pés em menos de 100.000 ciclos.

O ensaio de fadiga dos componentes protéticos também é mencionado em dois relatórios publicados diferentes que descrevem o desenvolvimento e a evolução do pé VA Seattle e do tornozelo VA Seattle.

Um relatório de **Kabra S. e Narayanan R., em 1991 [27],** utilizou uma máquina simples e de baixo custo para fadigar o pé de Jaipur, semelhante ao dispositivo **de Toh**, no entanto, parece simular apenas uma carga rápida. Foi também efectuada uma análise carga-deflexão utilizando uma sonda que passa à volta do pé, liga-se a uma balança de mola e lê a força não atuante, enquanto o grau de movimento foi lido a partir de um gradiómetro.

A absorção de choques foi reconhecida como uma caraterística importante quando utilizada para comparar diferentes tipos de pés protéticos.

Existem muitas dúvidas sobre a fiabilidade das medições efectuadas apenas com os tacos de marcha, devido ao facto de o sujeito alterar o seu estilo de marcha quando está a ser analisado em laboratório e a acomodar diferentes componentes protésicos. Por esta razão, alguns investigadores realizaram testes mecânicos estáticos para evitar a variabilidade introduzida por um sujeito **[26].**

Lehmann, et al em 1993 [28 e 29], conduziram uma análise semelhante determinando a carga vs. deflexão (conformidade) de pés protéticos através de uma máquina de carga estática. As medições foram obtidas apenas na área do calcanhar e do antepé do pé protético; no entanto, foram realizados testes em sujeitos reais para relacionar os resultados encontrados pelos testes mecânicos diretamente com o ciclo de marcha do amputado.

Ambas as investigações concluíram que o calcanhar do pé SACK é mais complacente em comparação com outros tipos diferentes de pés protéticos.

Lehmann tentou explicar como é que uma diferença de conformidade afectaria o ciclo de marcha do amputado.

Conclui que, como o calcanhar do pé SACH é "mais macio", comprime mais, permitindo que o centro de pressão se desloque mais para a frente e, por sua vez, fazendo com que a linha de força de reação do solo se aproxime do joelho, reduzindo assim o momento do joelho. Afirma que a fase de batida do calcanhar (a percentagem do ciclo da marcha entre a batida do calcanhar e a batida do dedo do pé) também deve ser mais curta com o calcanhar mais complacente.

Daniel Jimeneze e Ivan Polizzi em 1998 [30], utilizaram o teste de impacto. O objetivo destes testes é diminuir o choque exercido sobre o coto residual do amputado no momento da batida do calcanhar.

O material da prótese tem de absorver e transferir esta força para o movimento de avanço, pelo que este estudo se centrou nas caraterísticas do tempo de choque durante o qual a força é aplicada.

Por fim, o resultado pode ser obtido entre a força e o tempo para diferentes tipos de pé (pé de Seattle e pé dinâmico).

Francis J. Trost, em 2000 [31], investigou diferentes materiais que armazenam energia quando comprimidos pelo corpo durante a fase inicial da marcha. A análise inclui a medição do determinante da marcha e do consumo de oxigénio. Foram estudados 52 amputados juvenis, tendo sido fornecidos os pés que armazenam energia, incluindo Flex-feet, Carbon copy feet, Seattle feet e Sten feet.

Na avaliação de actividades específicas, a maioria dos amputados respondeu que correr, saltar e subir escadas era mais fácil com pés que armazenam energia.

A análise incluiu a medição dos determinantes da marcha e do consumo de oxigénio utilizando as suas próteses com um pé SACH. Os pés com armazenamento de energia parecem ser uma adição valiosa ao armamento protético. Fornecem um elemento de propulsão presente nas próteses anatómicas.

K. P. Bryant e J. T. Bryant, em 2002 [32], compararam o pé Niagara com o pé SACH e concluíram que não havia diferenças significativas entre os dois tipos de pé na velocidade de marcha. O objetivo da observação no terreno era determinar as actividades típicas da vida quotidiana da população da amostra e compará-las com as actividades de conceção e ensaio do pé.

Os dois doentes observados eram do sexo masculino, um agricultor e o outro barbeiro.

O barbeiro trabalhava de pé num piso de betão irregular durante um período prolongado, com um mínimo de carga. O agricultor utilizou principalmente um trator para todas as actividades; as cargas dinâmicas excedem as recomendadas na norma ISO 10328 para testes cíclicos.

Glenn K. Klute, et al em 2004 [33], estudou as propriedades da região do calcanhar de pés e sapatos protéticos. Para medir e modelar o calcanhar em resposta ao impacto, foi construído um pêndulo para simular mecanicamente as condições imediatamente a seguir ao contacto inicial do calcanhar com o solo durante a marcha. Foi utilizada uma massa de pêndulo de 6 kg para duplicar a massa efectiva do membro de apoio no momento do contacto do calcanhar com o solo.

A velocidade imediatamente antes do impacto, utilizando dois sensores fotoeléctricos de fibra ótica, e a capacidade de dissipação de energia dos vários pés protésicos foram calculadas utilizando o diagrama força-deformação.

Andrew H . Hansen, et al em 2004 [34], investigaram o rácio do comprimento efetivo do pé (EFLR) para diferentes pés, como o pé Niagara e o pé Flex, o EFLR multiplicado por 100 fornece a percentagem de um pé.

Os comprimentos efectivos dos pés foram medidos através da determinação da distância entre o calcanhar de cada pé protésico e o centro de pressão. Os EFLRs para os pés protéticos situavam-se entre 0,63 e 0,81.

Kadhim K. R. Al-Kinani, em 2007 [35], investigou uma série de pés disponíveis no mercado. Todos os pés protéticos tentam devolver algumas das funções de marcha perdidas, mas podem utilizar princípios mecânicos diferentes para o fazer, como o pé **SACH** (comum no Iraque), pelo que o investigador concebeu um pé protético.

Este pé protésico foi concebido e fabricado em polietileno e foi efectuado um estudo comparativo com o pé SACH para determinar se existiam diferenças no padrão de marcha durante a utilização do novo pé e se essas diferenças seriam problemáticas. As caraterísticas consideradas importantes pelos doentes para conseguir um movimento natural da marcha incluem

dorsiflexão, retorno de energia em eversão, teste de impacto, teste de fadiga do pé, rácio de comprimento efetivo e parâmetros de distância temporal. Apresenta boas caraterísticas quando comparado com o pé SACH, tais como boa dorsiflexão (4,2° e 1,9°), retorno da energia armazenada (58,9 J e 13,14 J), força transmitida no calcanhar de impacto (154N e 205N), rácio do comprimento efetivo (0,76 e 0,64) e vida útil do pé (1233417 ciclos e 896213 ciclos).

Anne Schmitz, em 2007 [36], utilizou um modelo de pé de Niagra com métodos de elementos finitos (MEF) para analisar as propriedades mecânicas. As respostas de rigidez do calcanhar e do dedo do pé foram medidas utilizando a norma ISO 10328, aplicando deslocamentos a uma taxa de 5 mm/minuto através de uma placa de carga com um ângulo de 15° e 20° no calcanhar e no dedo do pé, respetivamente, como se mostra na **Fig. (2-2).** A força máxima aplicada foi de 1600 N. A deflexão do pé e a força aplicada foram registadas utilizando um sistema de aquisição de dados e software.

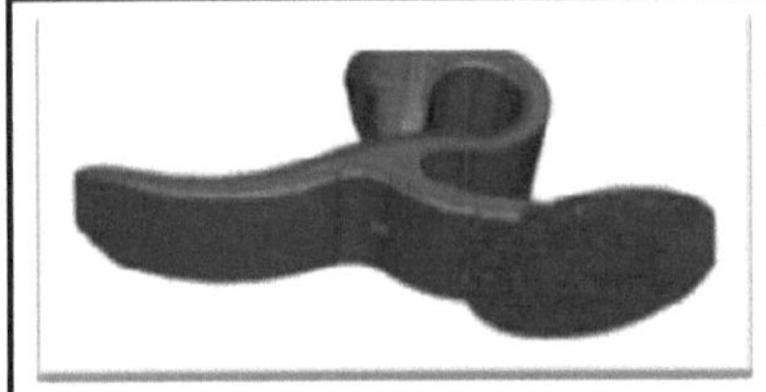

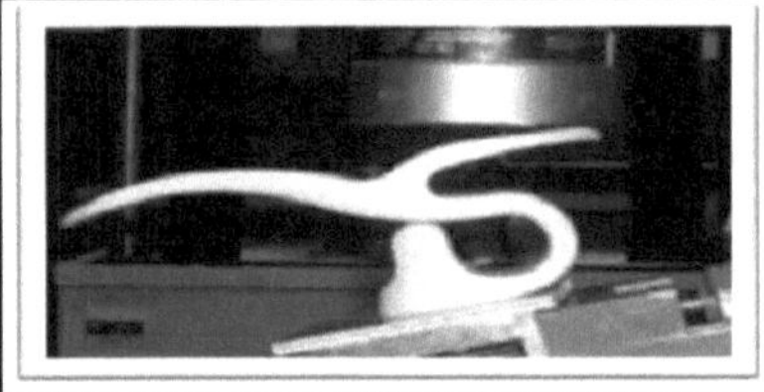

Fig.(2-2): Configurações de carga para o ensaio de rigidez do calcanhar do pé protésico **[36].**

R. Figueroa e C. M. Muller-Karger, em 2009 [37], aplicaram a análise numérica a um pé protésico com retorno dinâmico de energia, utilizando a forma de onda de carga normalizada da norma ISO 22675. Este método permite o estudo das propriedades mecânicas das regiões do calcanhar e da biqueira dos pés protésicos, utilizando 15 pontos críticos selecionados para aproximar as condições de carga. Utilizaram também o MEF para provar que a nova conceção é capaz de armazenar e devolver energia. Na fase de contacto com o calcanhar, o deslocamento diminui e a rigidez aumenta após a carga máxima (1173 N), respetivamente, como se mostra na **Fig.(2-3)** .

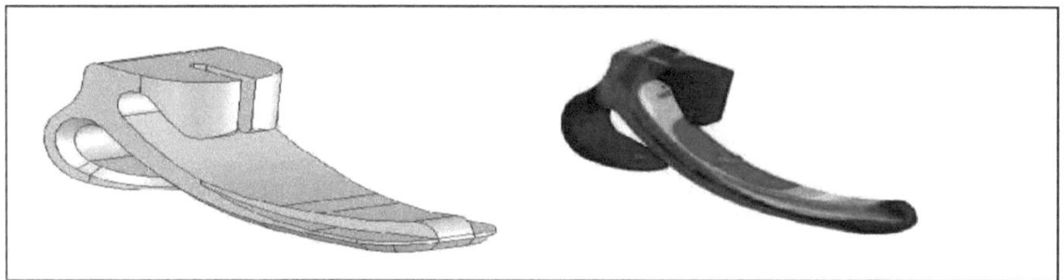

Fig.(2-3): Versão óptima do pé DER modelado Análise de tensões da prótese do pé para a fase de contacto dos dedos **[37]**,

Brian J., et al em 2010 [38], decidiram melhorar a marcha de amputados, a rigidez e desenvolver uma estrutura de prototipagem rápida utilizando a sinterização selectiva a laser (SLS).

A estrutura duplicou com sucesso as caraterísticas de rigidez de um pé ESAR de fibra de carbono comercial. A força de reação do solo tridimensional, as quantidades cinemáticas e cinéticas foram medidas enquanto o sujeito caminhava a 1,2 m/s. O desvio médio do ângulo articular entre os pés de FC e SLS (fabricados com pó de plástico e impressora 3D) para as pernas intactas e residuais foi de 3,14° e 3,53°, respetivamente, como mostra a **Fig. (2-4).** Os desvios médios dos momentos articulares foram de 0,064 N m/kg e 0,046 N m/kg, enquanto os desvios médios das potências articulares foram de 0,090 W/kg e 0,071 W/kg, respetivamente.

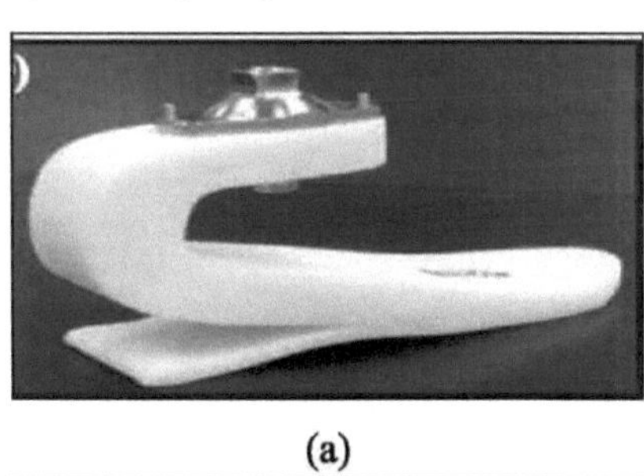

(a)

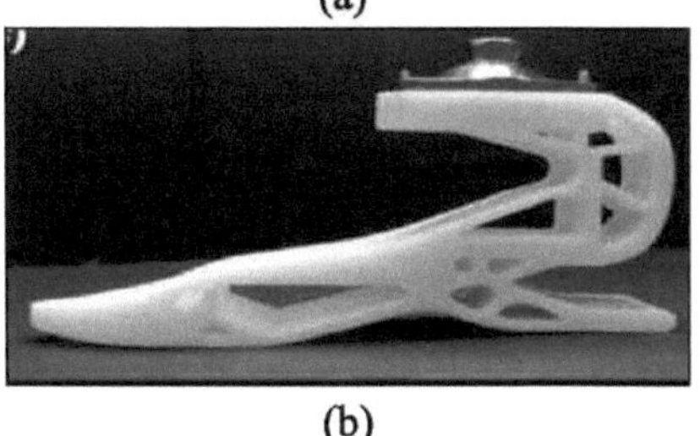

(b)

Fig.(2-4): (a) Representação do pé CF e (b) pé SLS[38].

Andrew H., Hansen e Dudley S., em 2010 [39], mediram o centro de pressão da força de reação do solo em coordenadas baseadas no corpo. Esta medição é interpretada como a forma efectiva do balancim criada pelos sistemas dos membros inferiores durante a marcha, que alteram ativamente os movimentos do tornozelo para manter as mesmas formas de rolamento, como se mostra na **Fig. (2-5).** A consistência das formas de rolamento para condições de marcha em superfície plana forneceu informações para a conceção, o alinhamento para condições de marcha em rampa sugeriu estratégias biomiméticas (isto é, imitando a biologia) para próteses adaptáveis do tornozelo-pé e casas de banho externas.

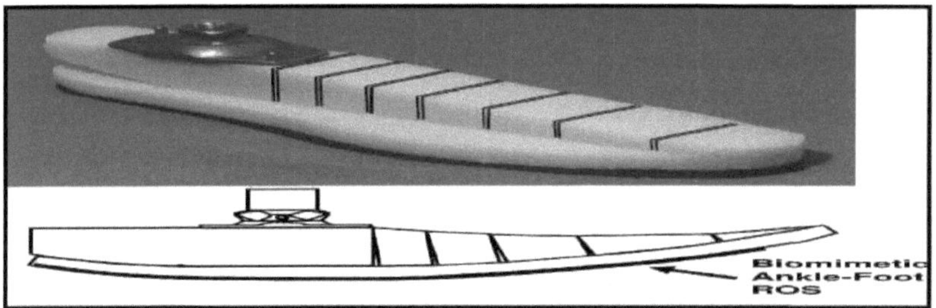

Fig. (2-5): Forma de rolamento do pé **[39].**

Hansen A., et al em 2012(40], alterado para acomodar um sapato de altura de calcanhar padrão e para se adaptar às conchas de pé College Park. O PF S&R está em conformidade com a forma de balancim eficaz adequada para caminhar através do fecho de cortes de serra no antepé. A "região plana" foi ajustada através do bloqueio de 0, 2 e 4 cortes.

As pessoas com amputações transtibiais unilaterais e bilaterais realizam testes de equilíbrio utilizando um sistema de investigação clínica Neurocom Smart Equitest com uma placa de força longa. testes de mobilidade apresentados na **Fig. (2-6).** limites de estabilidade, teste de controlo motor, teste de organização sensorial - condições 1 e 2, sentar-se para ficar de pé, testes de mobilidade (L-Test, velocidade de marcha).

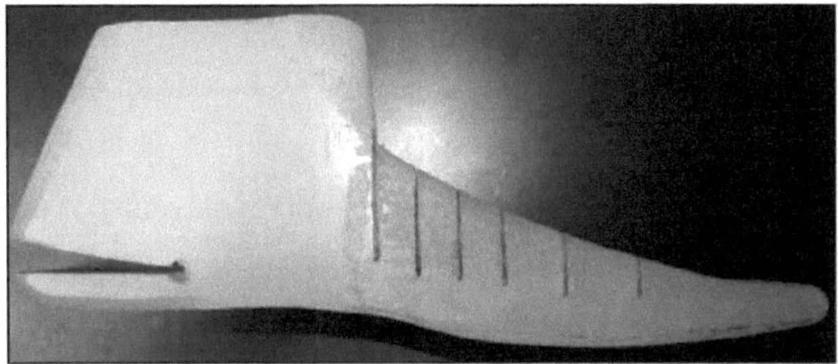

Fig. (2-6): Pé protético redesenhado com forma e rolo[40],

Andrew H. Hansen e Eric A. Nickel, em 2013 [41], desenvolveram um protótipo do sistema bimodal tornozelo-pé. O grupo conseguiu dois modos através de um tornozelo-pé de eixo único com bloqueio. No modo desbloqueado, o sistema tornozelo-pé de eixo único foi concebido para criar uma forma biomimética de rolamento para caminhar (através da deformação de para-choques de borracha) e, quando bloqueado, o tornozelo foi concebido para proporcionar maior estabilidade para tarefas que envolvam estar de pé e balançar, como mostra **a Fig. (2-7).** O protótipo foi testado por uma pessoa sem limitações físicas (peso ~ 155 lb) que caminhava e estava de pé no dispositivo sob um conjunto de pseudo-próteses (Hansen et al., 2000). As medições para calcular as formas efectivas foram captadas utilizando um sistema de captura de movimentos Qualisys de 8 câmaras e uma passadeira instrumentada Bertec de cinto dividido. Os raios efectivos do balancim tornozelo-pé para os modos de marcha e de pé eram de 0,47 m e 1,40 m, respetivamente, sugerindo uma base mais estável para o modo de pé e tinha uma massa de 601 g.

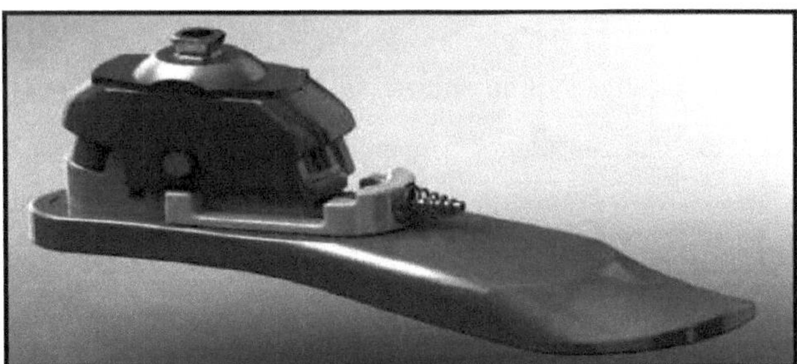

Fig. (2-7): Protótipo de prótese bimodal tornozelo-pé em modo de marcha (em cima) e em modo de pé (em baixo) **[41].**

2.3 Conclusões

Atualmente, está disponível uma vasta gama de pés protésicos, mas muito poucos são úteis para os países em desenvolvimento porque a maioria não está adaptada às condições ambientais e/ou às necessidades profissionais das populações. Já utilizado em alguns locais, o pé Niagra (NF) é uma boa alternativa para os países em desenvolvimento devido ao seu design simples e às suas caraterísticas de resistência às intempéries. O NF está constantemente a ser desenvolvido para melhorar as suas propriedades e funções, a fim de proporcionar um pé que sirva melhor esta população. Houve também um estudo que analisou especificamente a rigidez do calcanhar, mas nenhuma investigação examinou os efeitos das alterações na rigidez da secção do calcanhar no mesmo desenho de pé protético. O desenho da NF permite este tipo de teste. A relação entre a rigidez da secção do calcanhar e o desempenho da marcha não é bem compreendida; isto pode dever-se ao facto de a rigidez do calcanhar não ser normalmente uma propriedade variável para os pés protéticos.

Embora estes estudos tenham abordado propriedades importantes dos pés protésicos, as caraterísticas qualitativas resultantes carecem muitas vezes de uma abordagem integrada. A tradução para as caraterísticas da marcha de amputados deve-se a técnicas de medição distintas. Para além disso, a natureza da carga aplicada durante os testes é muito diferente da aplicada durante a marcha. Durante o teste, a carga foi aumentada num ângulo constante do solo, enquanto que durante a marcha real o ângulo do solo muda durante o rolamento. Num método semelhante, as acções complexas do sistema tornozelo-pé são captadas num movimento global.

Algumas ou a maior parte das investigações anteriores incidiram sobre o pé SACH, submeteram o pé SACH a ensaios cíclicos com um aparelho de ensaio de fadiga e determinaram a deformação através de ensaios dinâmicos aplicados a toda a prótese transtibial ou apenas ao pé e efectuaram uma análise semelhante para determinar a carga versus a deflexão (conformidade) dos pés protésicos através de uma máquina de carga estática. comparou o pé SACH com o novo pé concebido e o pé SACH com o pé Niagara ou comparou o pé Niagara com o pé SACH, bem como investigou o rácio do comprimento efetivo do pé, a dorsiflexão, o retorno de energia de eversão, o ensaio de impacto, o ensaio de fadiga do pé, aplicou a análise numérica utilizando a forma de onda de carga normalizada da norma ISO 22675, utilizando a sinterização selectiva por laser e utilizou métodos de elementos finitos.

Este estudo apresenta a conceção de um novo pé protésico com boas caraterísticas e a escolha de um novo material para a conceção de um pé protésico, o fabrico de um pé protésico a partir desse material, tais como ensaios de tração e de fadiga e a análise de um novo pé protésico em polietileno (alta e baixa densidade), utilizando o AutoCAD, o NX e o Ansys Workbench versão 14.

CAPÍTULO 3

ANÁLISE DE MODELAÇÃO NUMÉRICA

3.1 Introdução

A prescrição dos componentes protéticos ideais para assegurar uma reabilitação bem sucedida do amputado continua a ser um problema difícil, porque não existem orientações clínicas geralmente aceites baseadas em dados objectivos [42].

A estabilidade postural é conseguida através da manutenção de um alinhamento corporal ereto contra a força gravitacional e da preservação do equilíbrio do centro de massa (COM) na base de apoio de um indivíduo [43].

As caraterísticas do tornozelo humano, tais como a quase-rigidez e o trabalho derivado da curva momento-ângulo, são fundamentais para a conceção dos pés protésicos. A quase-rigidez refere-se à inclinação da curva e é definida como a resistência global do tornozelo ao movimento [44].

Atualmente, muitos dos modelos de pés protésicos mais comuns são pés de armazenamento ou retorno de energia (ESAR) ou de resposta dinâmica, que se assemelham a um pé intacto. A modelação da articulação do tornozelo durante a locomoção de amputados é difícil, uma vez que pode não existir um eixo articular definitivo. A análise da marcha estima as posições do centro da articulação e define os movimentos do segmento corporal colocando marcadores reflectores em pontos anatómicos. As técnicas de dinâmica inversa estimam então a cinética articular (forças e momentos) e o gasto de energia mecânica usando dados das forças de reação do solo (GRFs) e da articulação mais distal (geralmente o tornozelo) para fazer cálculos para as articulações proximais[45].

Três requisitos principais foram cumpridos neste projeto: articulação relativamente livre na articulação artificial do tornozelo no início da dorsiflexão, momento resistivo não linearmente crescente como meio de parar a dorsiflexão, e auto-ajuste à velocidade de locomoção [46].

Os amputados transtibiais demonstram normalmente algumas anomalias na marcha, tais como menor velocidade de marcha, comprimento do passo e força de pico vertical. Pensa-se que as anomalias da marcha se devem principalmente à perda do movimento ativo de dorsiflexão e flexão plantar da articulação do tornozelo.

O objetivo final da análise biomecânica é descobrir o que os músculos estão a fazer: O momento da sua contração, a quantidade de força gerada **[35].**

Neste capítulo, foram aplicadas as forças no pé protésico, bem como demonstrado o efeito da tensão, do stress e da deformação total no mesmo, com o ângulo de inclinação determinado através do programa Ansys workbench.

3.2 Cinética das articulações

A cinética do sistema humano é possível devido aos numerosos músculos que aplicam forças lineares em diferentes direcções sobre os ossos. Embora as forças dos músculos sejam lineares, os movimentos observados nas articulações são rotativos. O momento de força articular líquido é então definido como o momento de rotação resultante que ocorre em torno da articulação devido à unidade músculos-tendão e outros tecidos moles. A força articular líquida representa as forças do segmento ligado através da articulação e dos músculos e tecidos moles; é a combinação da força de reação da articulação e da força dos músculos e tecidos moles. Frequentemente, nas análises biomecânicas, as forças articulares e os momentos de força articular são calculados utilizando o processo dinâmico inverso **[47],**

3.3 Momentos conjuntos

Três propriedades de um segmento do corpo necessárias para calcular o momento e a força são a massa, a localização do centro de massa, e o momento de inércia da massa. Em experiências usando sujeitos fisicamente aptos, estes valores são frequentemente calculados usando equações de regressão derivadas de estudos usando cadáveres. As propriedades dos membros artificiais não estão em conformidade com as dos membros normais e devem ser estimadas através da modelação da prótese e do membro residual, ou medidas diretamente.

Os momentos de pico observados nas articulações do membro residual (anca, joelho e tornozelo) dos amputados com BK durante a marcha nivelada demonstraram ser inferiores aos dos indivíduos saudáveis. Os estudos também sugeriram que os momentos articulares durante a marcha nivelada são mais variáveis na população com BK em comparação com a população sem deficiência. Os momentos que actuam na articulação do joelho do membro residual tendem a ser mais baixos do que os dos indivíduos saudáveis e eram próximos de zero durante uma grande parte do ciclo da marcha. Atribuíram a mudança no padrão do momento do joelho, em parte, a um aumento do momento de dorsiflexão do tornozelo durante a fase inicial da marcha **[48].**

3.4 Função de propulsão dos pés humanos

A propulsão é gerada a partir da reação entre o pé e o solo na fase de pé. Considerando a variação do movimento e da potência na articulação do tornozelo na fase de pé, durante o primeiro período os músculos contraem-se e a direção da força de reação exercida pelo solo coincide com a direção do movimento relativo. A potência muscular durante este período é definida como negativa. Durante o segundo período da fase de pé, os músculos estendem-se, a força de reação está na direção oposta ao movimento relativo e a potência é definida como positiva. A variação de potência na fase de pé pode ser calculada por **[49].**

3.5 Poder da prótese

Foi observada uma fase de potência negativa no tornozelo protésico no início da postura, o que significa armazenamento ou dissipação de energia na parte do calcanhar. A segunda fase de potência negativa ocorre a meio da passada e é seguida de um rápido aumento para um pico de potência positivo, que ocorre no empurrão **[50].**

A torção do tornozelo, como subtópico especial da biomecânica do tornozelo, lida com momentos e rotações do pé em torno de um eixo que é aproximadamente vertical ou alinhado com a tíbia (abdução/adução do pé no plano horizontal). Uma vez que a rotação intemal/extemal da tíbia faz parte do mecanismo de acoplamento do tornozelo, as contribuições que tratam desta

O acoplamento também está incluído nesta secção **[51].**

3.6 Princípios do pé de projeto

O pé e o tornozelo humanos são capazes de se adaptar a terrenos irregulares e de ajustar o comprimento do membro inferior, ao mesmo tempo que proporcionam a absorção do choque e a estabilização do joelho. Idealmente, um pé protésico deveria ser capaz de imitar estas funções; no entanto, isto continua a ser um desafio, o pé protésico é concebido para absorver o impacto do calcanhar no chão para reduzir as forças transferidas para o membro residual. Deve também controlar a taxa de flexão plantar, que, por sua vez, controla o tempo que demora a atingir o pé plano, uma
posição estável. Nos amputados transtibiais, isto ajuda a controlar a velocidade de progressão da tíbia. De seguida, a tíbia progride da parte posterior para a anterior do tornozelo durante o meio da passada, fazendo com que o pé faça dorsiflexão. Num membro não afetado, a musculatura controla a velocidade a que isto ocorre,
ajudando a manter a estabilidade. A quilha de um pé protético proporciona esta estabilidade **[52].**

3.6.1 Nova conceção de um pé protético de baixo custo

3.6.1.1 O pé em forma de rolo

A conceção baseia-se nas caraterísticas da forma de rolamento (SR) de um pé humano e pode ser fabricada com materiais de baixo custo, como se mostra na **Fig. (3-1).** A conceção da prótese SR baseia-se na ideia de que a forma de rolamento de um pé protético deve corresponder à forma de rolamento de um pé humano. O pé é constituído por uma forma de cunha com cortes paralelos no centro. O pé SR é fabricado com um copolímero de polipropileno-polietileno, porque este material satisfaz todas as propriedades desejadas: "elevada resistência à fadiga, rigidez aceitável, facilmente termoformado, disponível na maior parte dos países, resistente à água, caraterísticas de falha dúcteis e baixo custo e fabricado pela Pressure Mold . É moldado por compressão usando tecnologia disponível na maioria dos países **[52],**

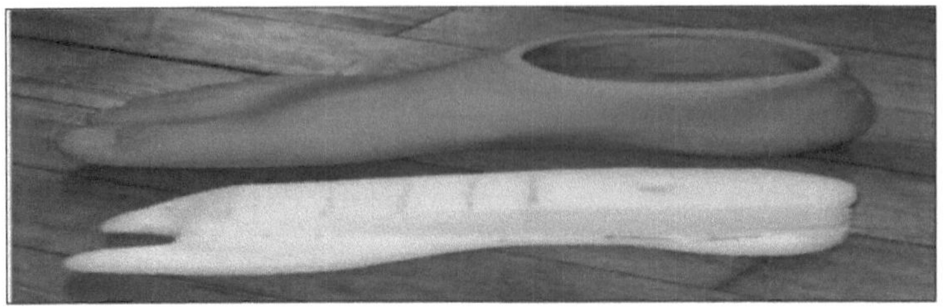

Fig.(3-1): Dois modelos de pé SR.

3.6.1. 2Pé SACH

Os pés convencionais são modelos básicos que não têm componentes móveis. O pé de calcanhar sólido e almofadado (SACH), amplamente utilizado, mostrado na **Fig. (3-2),** é um exemplo. Os pés SACH têm uma quilha de madeira ou de plástico rígido que se estende até à secção do dedo do pé. O calcanhar é constituído por espuma densa e o resto do pé por espuma com borracha. As correias são fixadas na extremidade da quilha e estendem-se até à zona dos dedos **[53].**

Fig.(3-2): Pé SACH.

3.6.1.3 Pé de Jaipur

Até à data, os esforços concentraram-se no desenvolvimento da conceção do pé SACH para proporcionar gamas de movimentos adicionais.

O pé de Jaipur assemelha-se a um pé verdadeiro, tem a capacidade de se dobrar em todas as direcções o suficiente para permitir que uma pessoa se agache e caminhe em terrenos irregulares, como mostra a **Fig. (3-3)**, e é de muito baixo custo, podendo ser fabricado em menos de 3 horas. O pé é feito de madeira e borracha esponjosa e depois moldado a quente utilizando moldes de ferro. O único inconveniente do membro de Jaipur é o facto de a altura não poder ser ajustada, mas continua a ser popular e muito utilizado, mas normalmente é utilizado em conjunto com outros membros **[54].**

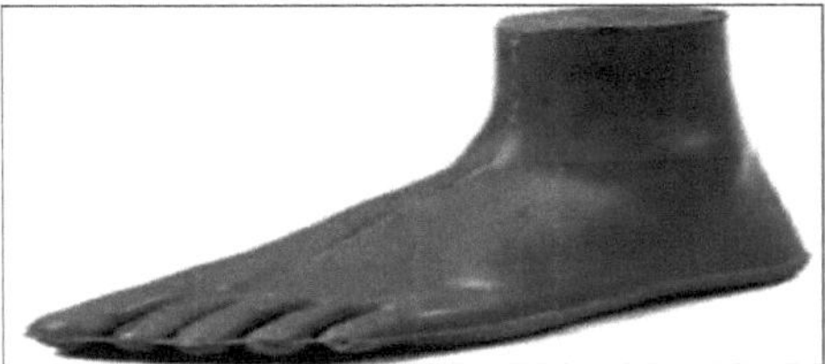

Fig.(3-3): Pé de Jaipur.

3.6.2Formulação dos objectivos

Com base nas observações anteriores, os requisitos da peça para os pés foram formulados, grosso modo, da seguinte forma:

1. não deve exigir um sapato e, consequentemente, deve ter um certo grau de aceitação cosmética pelo amputado.

2. o exterior deve ser feito de um material impermeável e durável.

3. deve permitir uma dorsiflexão suficiente para permitir que um amputado se agache, pelo menos durante curtos períodos.

4. deve permitir uma certa rotação transversal do pé sobre a perna para facilitar o ato de andar e permitir sentar-se com as pernas cruzadas.

5. Deve ter uma amplitude de inversão e eversão suficiente para permitir que o pé se adapte ao caminhar em superfícies irregulares.

6. Deverá ser pouco dispendioso.

7. Deve ser fabricado com materiais facilmente disponíveis **[54].**

3.7 Análise numérica

3.7.1 Modelação

Para efetuar a análise de elementos finitos, foi necessário modelar todos os componentes. Todos os componentes a serem testados foram modelados no Pro/AutoCAD 2010.

O novo projeto de pé protésico não articulado foi mais difícil de modelar devido à geometria complexa do pé. Foi modelado como um conjunto de três partes, o pé protésico de materiais compósitos de polietileno, o adaptador e o parafuso. As duas partes foram modeladas separadamente, depois montadas em conjunto e utilizadas para modificar a construção da cobertura exterior, como mostra a **Fig. (3-4).**

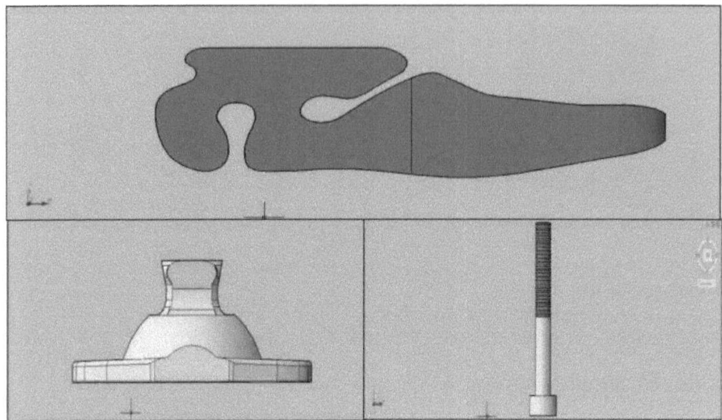

Fig.(3-4): O novo desenho do pé protésico, parafuso e adaptador.

Nesta tese, a ideia principal é desenhada e desenvolvida para obter uma estimativa do ângulo de dorsiflexão na gama acima referida. Após otimizar o desenho e ter em consideração a capacidade de fabricar o pé não articulado. Este modelo foi considerado demasiado complexo quando carregado no ANSYS e não foi capaz de fazer a malha do pé. Por este motivo, foi criado um modelo mais simples e menos refinado que é mostrado nas **Fig. (3-5)** e **Fig. (3-6)** onde todas as dimensões são medidas em (mm).

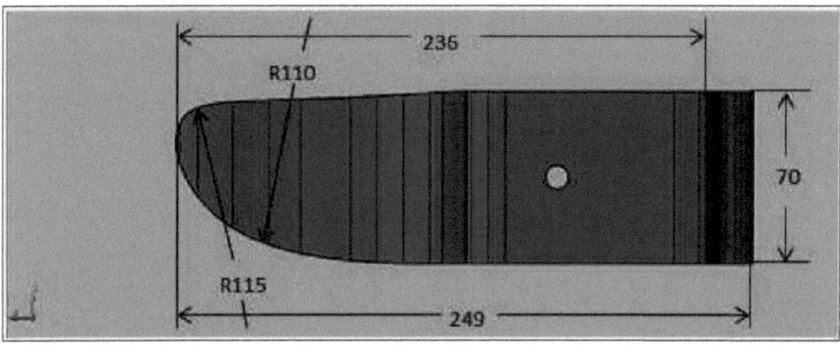

Fig. (3-5): A vista superior com duas dimensões do pé não articulado.

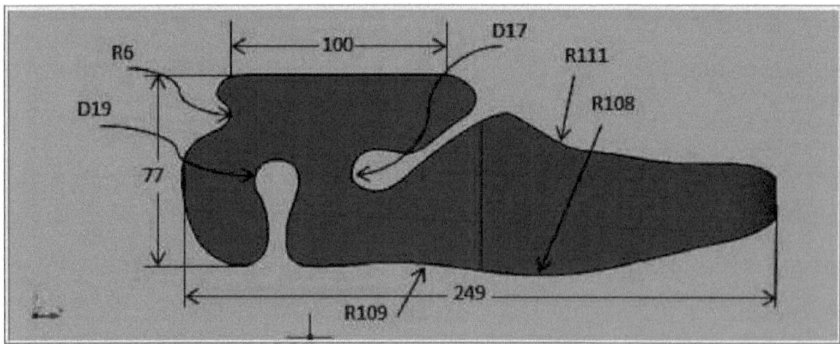

Fig. (3-6): A vista frontal a duas dimensões do pé não articulado.

A maioria dos estudos anteriores efectuou testes em pés protésicos sem incluir o parafuso e o adaptador, especialmente nas proximidades deste trabalho, como mostra a **Fig. (3-7).**

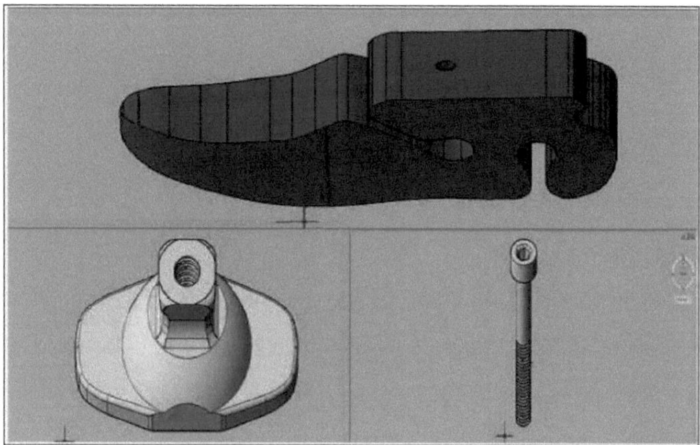

Fig.(3-7): Três dimensões de não-articulado, adaptador e parafuso.

A maioria dos trabalhos de investigação anteriores realizaram testes em pés protésicos sem incluir o parafuso e o adaptador, especialmente nas proximidades deste trabalho, como mostra a **Fig. (3-7).**

O pé protésico foi fabricado e o primeiro protótipo foi produzido, depois foram utilizados processos de maquinagem simples para obter a forma final dos produtos de acordo com o resultado obtido nos ensaios mecânicos. O pé não articulado foi examinado para descobrir caraterísticas como a dorsiflexão, a dissipação da energia de impacto, o peso e o custo. Ao compor o modelo final do novo pé protésico e o modelo final do adaptador de parafuso, obtém-se o modelo final do pé não articulado e do adaptador de parafuso, como se mostra na **Fig. (3-8)**, e exporta-se para o programa ANSYS, como se mostra na **Fig. (3-9).**

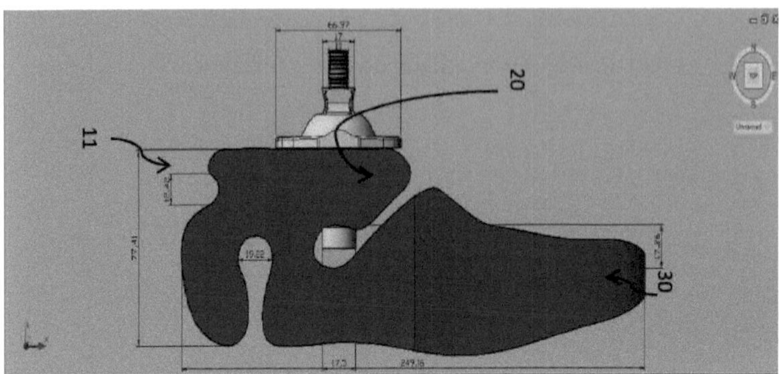

Fig. (3-8): Duas dimensões exactas do não-articulado com adaptador e parafuso.

3.7.2 Análise de elementos finitos

O ANSYS 14.0 workbench foi escolhido como pacote de software de FEA devido à sua capacidade de aceitar um modelo 3D de desenho assistido por computador (CAD), como se mostra na Fig. (3-9).

Na análise de elementos finitos, o tipo de elemento foi escolhido com base na geometria do pé protético, na informação disponível para introdução e nos resultados que se pretendem extrair. Cada tipo de elemento tem diferentes graus de liberdade disponíveis, constantes reais, propriedades dos materiais, permissão de cargas de superfície e de corpo, e outras caraterísticas especiais (ANSYS). Esta análise exigiu tipos de elementos que têm três graus de liberdade, podem sofrer deflexões potencialmente grandes e restrições de modelo que incluem o carregamento e a condição de fronteira, por último, as propriedades do material que afectam os resultados **[55].**

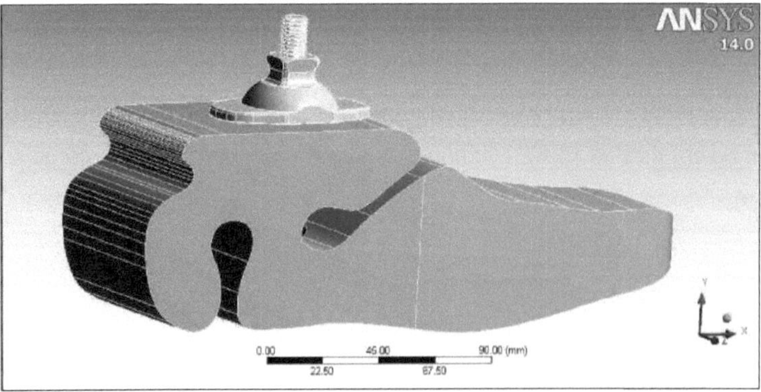

Fig.(3-9): O modelo depois de exportado para o ANSYS.

Vários fenómenos tratados na ciência e na engenharia são frequentemente descritos em termos de equações diferenciais formuladas utilizando os seus modelos de mecânica do contínuo. A resolução de equações diferenciais sob várias condições, tais como condições de fronteira ou iniciais, permite compreender os fenómenos e prever o seu futuro (determinismo). No entanto, as soluções exactas das equações diferenciais são geralmente difíceis de obter. São adoptados métodos numéricos para obter soluções aproximadas das equações diferenciais. Entre estes métodos numéricos, os que aproximam um corpo contínuo com grau de liberdade infinito de um corpo discreto com grau de liberdade finito são designados por análise de elementos finitos.

O método dos elementos finitos tornou-se uma ferramenta poderosa para a solução numérica de uma vasta gama de problemas de engenharia. A utilização do ANSYS-14 para criar o modelo de elementos finitos é adoptada **[56]**. No software ANSYS, há três passos antes de modelar o espécime:

1- Seleção do tipo de elemento para cada material utilizado.

2- Definição de constantes reais para estes elementos selecionados.

3- Definição das propriedades dos materiais para os elementos selecionados.

3.7.3 Tipo de elementos

No primeiro passo, escolhe-se o tipo de elemento para cada material utilizado na análise. Neste estudo, foi utilizado um elemento, o sólido 45, para representar o polietileno com o auxílio do software ANSYS.

3.7.4 Comportamento do modelo de material

O comportamento do modelo de material refere-se a elementos sólidos. Este elemento é utilizado para modelar o polietileno. O elemento requer informações relativas à isentropia linear, conforme indicado no **Quadro (3-1).**

O material do parafuso e do adaptador utilizado neste estudo é o aço inoxidável, as propriedades mecânicas do material do parafuso são apresentadas na **Tabela (3-2).**

Tabela (3-1): Os materiais de dois modelos para esta dissertação de materiais compósitos de polietileno (sólido 45).

Material properties for solid 45 element		
Linear isotropic		
Modulus of elasticity of (HDPE+LLDPE) (MPa).	E	782.6
Modulus of elasticity of (HDPE+DPW), (MPa).	E	1800
Poison ratio	E	0.35

O rácio de paixão foi medido utilizando o medidor de manchas e observou-se que há pouca diferença entre os materiais que foram fabricados.

Tabela (3-2): As propriedades mecânicas do material dos parafusos.

Material	Young's Modulus (GPa)	Yield stress (MPa)	Ultimate Stress (MPa)
Standard [61]	195	450	585

Este estudo definiu os seguintes materiais compósitos como:

1- **HDPE+LLDPE:** Polietileno de alta densidade + Polietileno de baixa densidade linear.

2- **HDPE+DPW:** Polietileno de Alta Densidade + Madeira de Tamareira.

3.8 Modelo de elementos finitos ANSYS

ANSYS é um pacote de programas que utiliza o método dos elementos finitos para calcular a solução numérica de problemas complexos cuja solução analítica é tediosa ou não é fácil de alcançar.

Existem vários passos para resolver o problema com o ANSYS, nomeadamente

1- **Pré-processador:** O programa ANSYS pode lidar com muitos tipos de problemas (mecânicos, dinâmicos, térmicos, fluidos), por isso, o primeiro passo no ramo mecânico foi selecionado para resolver o problema.

2- **Processador:** Nesta etapa é escolhido o tipo de elemento adequado para resolver o problema, estes elementos são mostrados na **Fig. (3-10).**

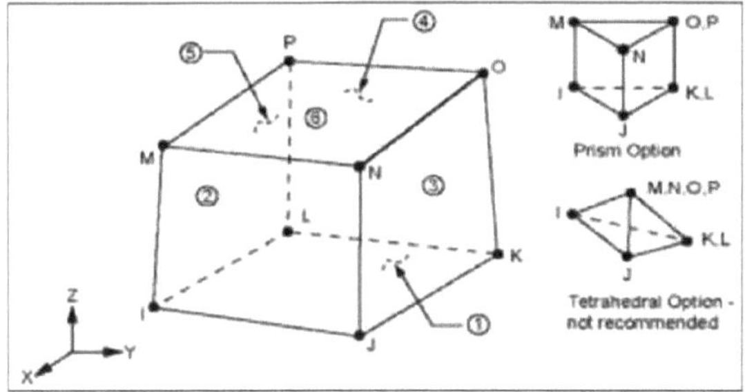

Fig. (3-10): Geometria do sólido 45 **[56].**

O SOLID45 é utilizado para a modelação 3D de estruturas sólidas como no problema apresentado. É definido por oito nós com três graus de liberdade em cada nó: translações nas direcções nodais x, y e z. O elemento tem capacidades de plasticidade, hiperelasticidade, reforço de tensões, fluência, grandes deformações e grandes deformações. Tem também a capacidade de formulação mista para simular deformações de materiais quase incompressíveis

Materiais elastoplásticos e materiais hiperelásticos totalmente incompressíveis. O elemento é definido por oito nós e as propriedades ortotrópicas do material. O sistema de coordenadas por defeito do elemento é ao longo das direcções globais.

3.8.1 Malha de novas próteses de pé

Para o pé não-articulado, o modelo CAD inicial exato do pé não pôde ser entalhado devido às superfícies spline complexas. Em vez disso, foi utilizado o modelo simplificado do pé não articulado para a FEA. Na modelação do pé não articulado, foram utilizados os elementos tetraédricos padrão. As ligações entre a maioria das peças foram unidas, de modo a permitir a resolução do modelo. O processo de criação da malha foi efectuado escolhendo o volume e o número de elementos em cada corpo, como mostra **a Fig. (3-ll).**

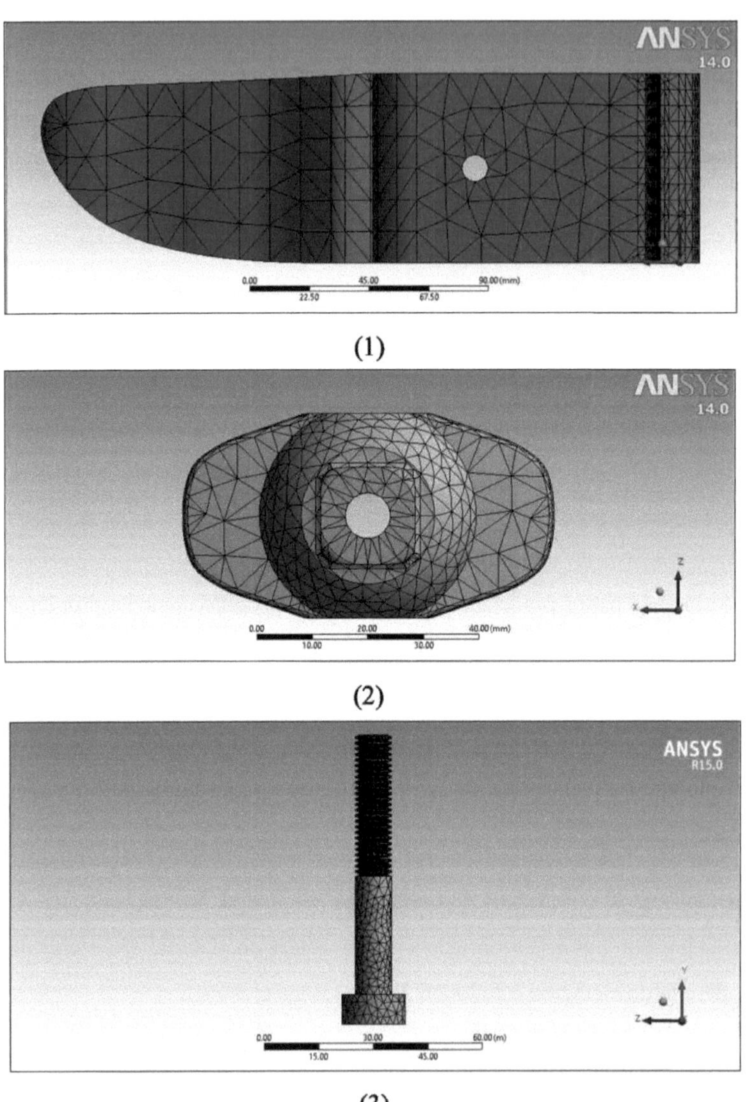

Fig.(3-ll): O tipo de malha superior que inclui (l) pé (2) adaptador (3) parafuso.

O número total de elementos, incluindo pé, adaptador e parafuso, foi de (38584) elementos com um número total de nós de (67599) nós, como se mostra na **Fig. (3-12).**

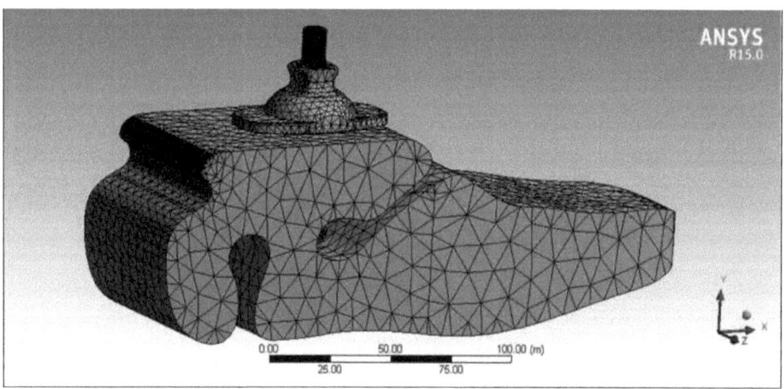

Fig.(3-12): Malha de três dimensões composta de adaptador não articulado e parafuso.

3.8.2 Carregamento e condições de fronteira

O principal objetivo de uma análise de elementos finitos é examinar como um modelo ou um componente responde a uma determinada condição de carga. A palavra cargas na terminologia ANSYS inclui condições de fronteira e funções de força aplicadas externa ou internamente, tais como deslocamentos, forças, pressão, temperaturas, gravidade em disciplinas estruturais. As cargas são divididas em seis categorias: condições de fronteira, forças (carga concentrada), carga de superfície, cargas de corpo, cargas de inércia e cargas de campo acoplado. Neste trabalho pode ser aplicado utilizando o pré-processador ou o processador de soluções. Independentemente da estratégia escolhida, é necessário definir o tipo de análise e as opções de análise, aplicar cargas, especificar opções de passos de carga e iniciar a solução de elementos finitos. Os tipos de análise a utilizar baseiam-se nas condições de carga [Ver **Figs. (3-13), (3-14)** e **(3-15)**]. Aplicaram-se as mesmas condições de fronteira (restrições e cargas) que as retiradas do ensaio de força de reação do solo (GRF). A ponta do adaptador e do parafuso foi selecionada como apoio fixo para os quatro lados em qualquer altura.

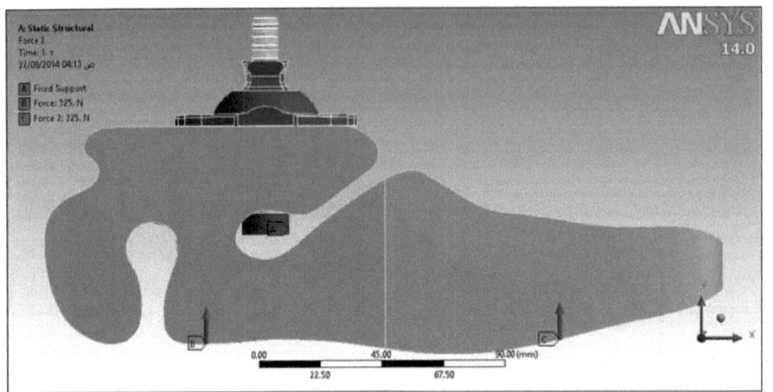

Fig. (3-13): Quilha do pé não articulado com carga (fase de apoio médio).

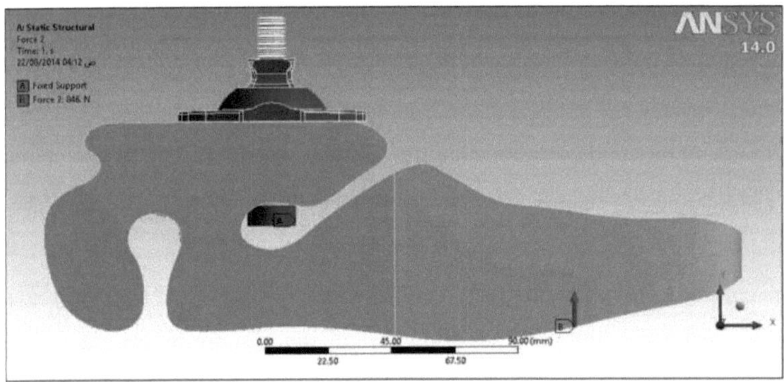

Fig. (3-14): Quilha do pé não-articulado com carga (fase de desativação do dedo do pé).

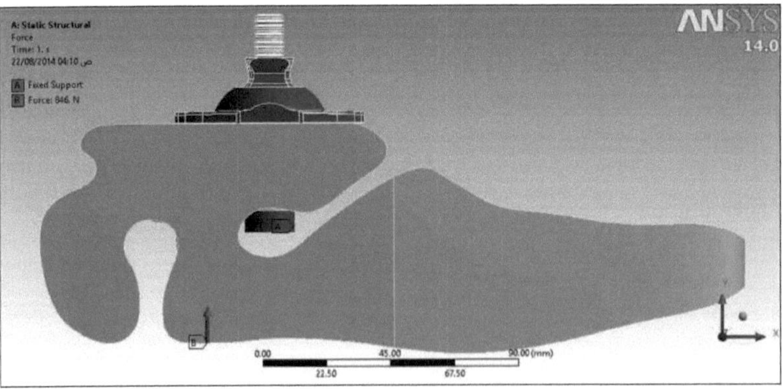

Fig.(3-15): Quilha do pé não articulado com carga (fase do calcanhar).

3.8.3 Solução

A fixação da deslocação em pontos específicos do corpo é importante para resolver o problema. O corpo como uma peça única deve ser fixado em (X, Y, Z) nos eixos tridimensionais. Após a fixação do deslocamento, a carga (força ou pressão) de cada um é aplicada durante o passo de carga que é necessário resolver.

3.8.4 Pós-processador geral

Os resultados podem ser representados como um gráfico de contorno com o valor da tensão em qualquer nó ou como caminhos entre as tensões e a distância ao longo de qualquer caminho no corpo em qualquer fase da solução.

3.9 Ensaios de fadiga dos materiais

Os resultados dos ensaios de fadiga para os materiais utilizados no fabrico dos não articulados permitem medir o tempo de vida dos materiais. O desafio que ocorre com os polímeros, que a cada carga e descarga do corpo de prova o torna mais durável ao ciclo e se torna mais flexível, portanto o ensaio de polímero parece difícil de encontrar os resultados da fadiga. Algumas teses que utilizaram polímeros tomam o padrão do material.

A ferramenta de tensão equivalente máxima baseia-se na teoria de falha de tensão equivalente máxima para materiais dúcteis, também referida como teoria de Von Mises, teoria de tensão de cisalhamento octaédrica ou teoria de energia de distorção (ou cisalhamento) máxima [57]. Das quatro teorias de rotura suportadas pela Simulação, esta teoria é geralmente considerada como a mais adequada para materiais dúcteis como o alumínio, o latão e o aço.

$$\sigma_E = [\frac{(\sigma_1 - \sigma_2)^2 + (\sigma_2 - \sigma_3)^2 + (\sigma_3 - \sigma_1)^2}{2}]^{\frac{1}{2}} \quad \text{............ (3-1)}$$

Onde: σ_E é a tensão de cedência, σ , σ_{12} e σ_3 são as tensões principais.

A ferramenta de tensão de corte máxima baseia-se na teoria de rotura por tensão de corte máxima para materiais dúcteis **[57].** A tensão de corte máxima τ_{max} , também referida como a tensão de corte máxima, é encontrada através do traçado dos círculos de Mohr utilizando as tensões principais:

$$\tau_{max} = \frac{\sigma_1 - \sigma_3}{2} \quad \text{.. (3-2)}$$

Onde: τ_{max} é a tensão de cisalhamento máxima.

As equações (3-1) e (3-2) são muito importantes no programa numérico desta investigação.

CAPÍTULO 4

TRABALHOS EXPERIMENTAIS

1.1 Introdução

A experiência consistiu num desenho dentro dos sujeitos, examinando dois modelos de pé não articulado. Antes de um novo pé protético poder ser apresentado ao público em geral, é necessário efetuar alguns testes para garantir que os padrões de marcha não são tão anormais que possam causar dor ou lesões. No entanto, são recomendados muitos testes experimentais para a conceção e fabrico do membro artificial.

O pé apresentado é novo e, por isso, é importante examinar o design, para que seja fabricado um protótipo em tamanho real. De seguida, é testado utilizando os testes conhecidos para o efeito. Por esta razão, foram construídos e modificados alguns instrumentos e dispositivos para serem utilizados nestes testes. Os resultados dos ensaios são comparados com o procedimento teórico, a fim de mostrar a diferença entre os resultados experimentais e teóricos.

O trabalho experimental, neste capítulo, inclui os seguintes pontos de investigação: **1-** Conceção e fabrico do molde dos provetes.

2- As propriedades mecânicas dos materiais compósitos.

3- Modificação do molde de Kadhim [35] de um pé não articulado.

4- Conceção e fabrico de dois modelos de um pé não articulado.

5- É utilizado o teste de dorsiflexão, o que requer a modificação do aparelho de teste de dorsiflexão do pé.

6- É utilizado um aparelho de teste de fadiga do pé, construído especialmente para examinar o pé.

1.2 Preparação de misturas de PEBDL, PEAD e enchimento com DPW

Foi utilizada uma balança de leitura eletrónica sensível, modelo Italy 1700, para medir 100 g de cada porção de mistura de pellets de PEBDL e PEAD, respetivamente. As proporções de mistura obtidas pela mistura de resinas de PEBDL e PEAD são apresentadas na **Tabela (4-1).**

Tabela (4-1): Rácio da mistura (w/w)

Blend	1	2	3	4	5	6
HDPE (g)	100	90	75	50	25	0
LLDPE (g)	0	10	25	50	75	100

Onde w é o peso da massa das misturas em gramas. Cada uma das misturas foi pulverizada utilizando um misturador mecânico para garantir uma mistura completa. A composição da mistura foi carregada numa máquina de injeção. As condições de funcionamento são as seguintes: temperatura da cabeça de injeção de 200°C para o PEAD, 400°C para o PEBDL e 300°C para a mistura dos mesmos. A composição da mistura foi então passada através do orifício da cabeça da matriz do injetor que determina a espessura das películas sopradas. Além disso, para preparar materiais compósitos utilizando uma quantidade de 60 g de DPW misturado com 40 g de HDPE, bem como 50 g de DPW misturado com 30 g de LLDPE e 30g de HDPE depois de preparado o pó de madeira de tamareira de acordo com as etapas como mostrado na **Fig. (4-1).** Em geral, para mostrar o avanço que pode ocorrer nas propriedades mecânicas do compósito. Além disso, para melhorar as propriedades mecânicas do LLDPE, utilizaram-se 60 g do mesmo misturados com 40 g de DPW a uma temperatura de 300°C, como se mostra na **Tabela (4-1).**

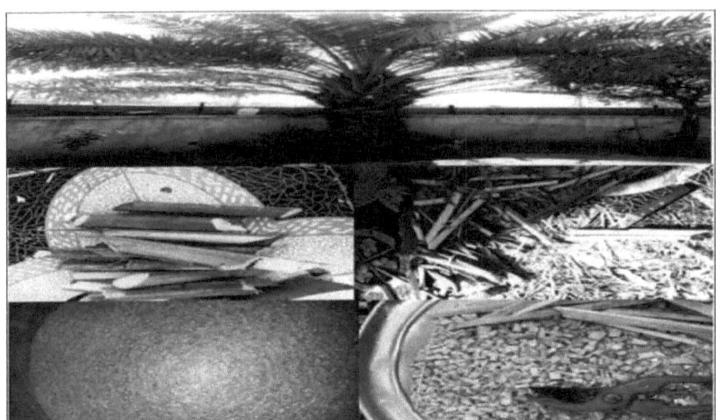

Fig.(4-1): As fases de preparação do pó (DPW).

4.2. 1Absorção de água

A absorção de água foi determinada gravimetricamente. O pó foi condicionado num forno a vácuo a 80°C durante 24 h. Observa-se que todos os compósitos de pó de LLDPE, HDPE e DPW investigados mostraram geralmente um aumento na absorção de água com um aumento no conteúdo de DPW. Além disso, também se observou que a quantidade de água absorvida num determinado teor de carga diminuiu com uma redução do tamanho das partículas de carga de madeira de tamareira. A presença de DPW afectou fortemente a absorção de água dos compósitos. O ensaio de absorção de água revelou que os compósitos tinham uma forte tendência para absorver água, que dependia do teor de carga, como se mostra na **Fig. (4-2).**

Fig.(4-2): Pó de (DPW) após purificação das impurezas absorvidas pela água.

1.2.1 Conceção e preparação de moldes de espécimes

Para preparar o espécime deve-se projetar um molde feito de ferro como mostra a **Fig. (4-3).** O molde de ferro contém duas partes, uma delas inclui a forma que lhe injectou os materiais compósitos e outra representa a cobertura do molde. A mistura de materiais compósitos com dimensões de 200mm * 175mm *5mm, como mostra a **Fig. (4-4),** foi depois injectada no molde como na **Fig. (4-5).**

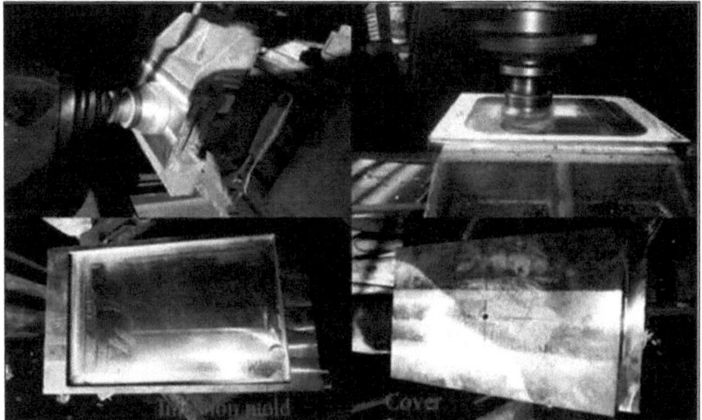

Fig. (4-3): As fases de conceção da moldagem por injeção.

Fig.(4-4): Dois modelos de materiais compósitos.

Fig.(4-5): A moldagem da injeção no interior da máquina de injeção.

1.3 Ensaios de propriedades mecânicas

1.3.1 Ensaio de tração

Os cálculos teóricos e experimentais dependem das propriedades mecânicas do material, que podem ser encontradas a partir do ensaio de tração de espécimes normalizados de acordo com a recomendação da norma ASTM D638, como se mostra na **Fig. (4-6)**, que inclui quatro tipos de ASTM **[58]**.

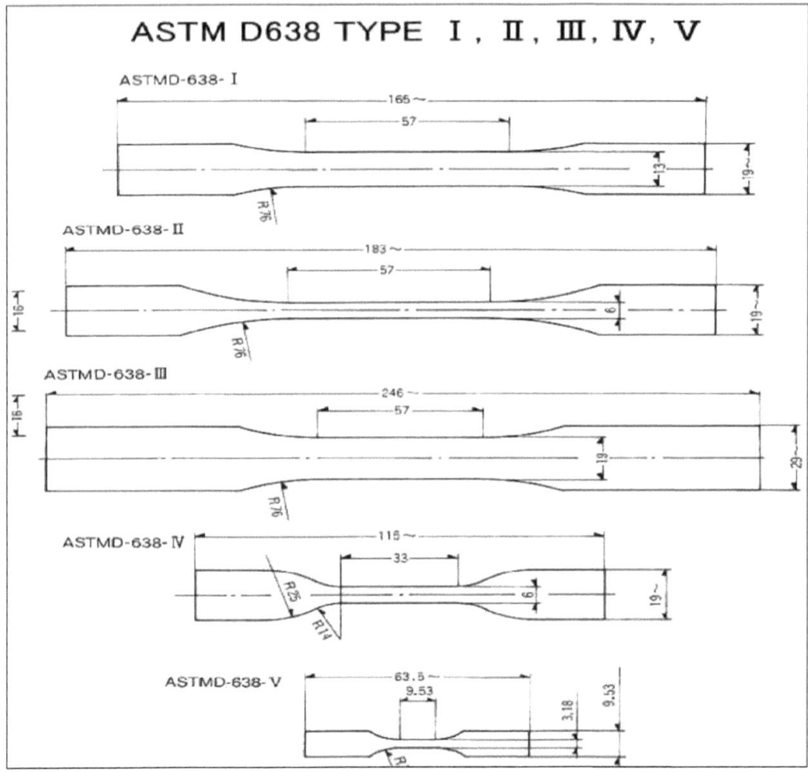

Fig.(4-6): Espécimes padrão **[58]**.

Para este estudo, foi selecionada a norma ASTM D638 tipo IV devido à forma das peças obtidas a partir do molde. Para além disso, estas peças foram cortadas por uma máquina CNC, como se mostra na **Fig. (4-7).** A amostra de compósitos foi preparada utilizando a norma ASTM D638 e o programa Surf am e a máquina de fresagem CNC modelo XK7124 com uma taxa de avanço de 1000 e uma velocidade relativa à proporção da mistura, onde o LLDPE requer uma velocidade mais elevada do que o HDPE para evitar a formação de cascas ou protuberâncias, como se mostra na **Fig. (4-8)** e na **Fig. (4-9).** Este dispositivo está disponível na Universidade de Tecnologia / Departamento de Oficinas.

Fig.(4-7): Fresadora CNC.

Fig.(4-8): As amostras da fresadora CNC de (HDPE e LLDPE).

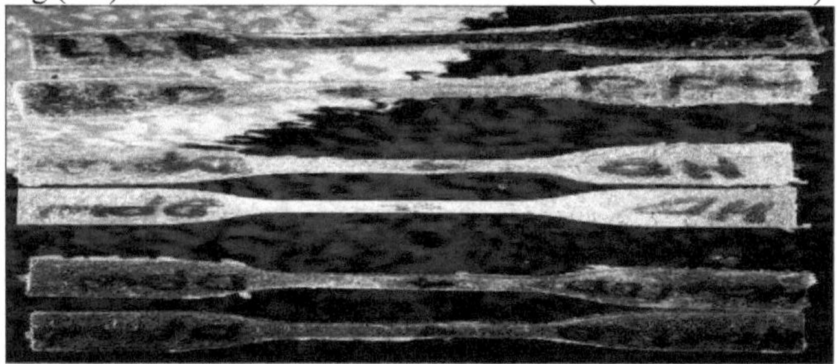

Fig.(4-9): Espécimes padrão de (HDPE, LLDPE e DPW).

1.3.2 Ensaio de impacto

Para o ensaio de impacto, o impacto Charpy foi utilizado em amostras não entalhadas (porque as entalhadas requerem a medição da área remanescente e quando utilizadas em Charpy apenas para focar o fragilizador no centro do provete), onde o aparecimento de resultados não entalhados é maior do que em entalhados **[59]**. O ensaio dos provetes foi realizado numa máquina de ensaio de impacto, utilizando um martelo pendular de 5 J a uma velocidade de impacto de 3,46 m/s, como mostra a **Fig. (4-10).** Além disso, o martelo foi selecionado de acordo com o tipo e a forma dos materiais compósitos. As dimensões do provete eram (55 mm * 10 mm * 5 mm), tendo o ensaio sido efectuado numa máquina de ensaio de impacto de Nova Iorque, como se mostra na **Fig. (4-ll).** Um golpe brusco no provete quebra a peça de teste e o impacto foi registado a partir da leitura analógica, sendo o erro do dispositivo de 15%. Este dispositivo está disponível na Universidade de Tecnologia / Departamento de Ciências Aplicadas.

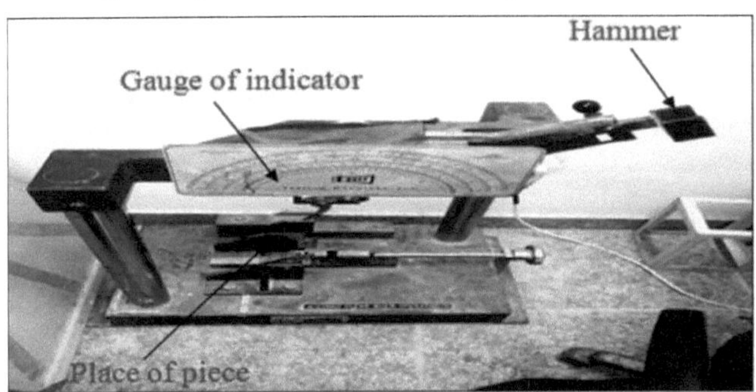

Fig.(4-10): Aparelho de teste de impacto.

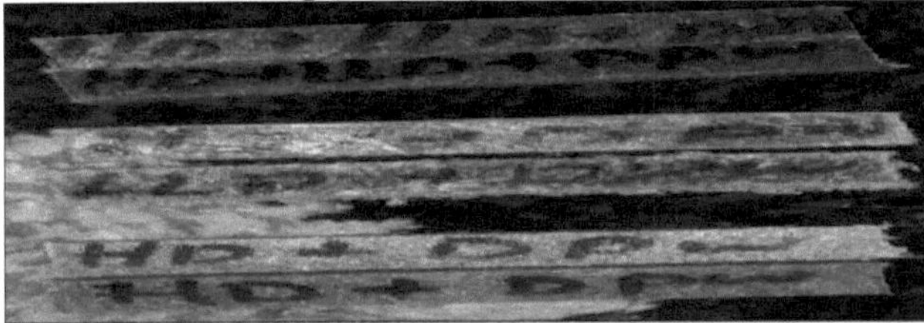

Fig.(4-ll): Espécimes de impacto de (HDPE, LLDPE e DPW).

1.3.3 Ensaio de densidade

Para completar os ensaios sobre a densidade das peças de materiais compósitos, investigou-se a sua densidade num aparelho de ensaio de densidade, como se mostra na **Fig. (4-12).** Este aparelho inclui uma câmara fechada, um suporte utilizado para suspender a peça de materiais compósitos no líquido selecionado de acordo com o tipo de materiais e um recipiente que enche com a quantidade de líquido. No entanto, o processo de ensaio foi conseguido através da colocação da peça na câmara fechada e da medição da massa no ar. Além disso, a peça imersa no líquido por saliência e mede a massa da massa no líquido. Para calcular a densidade de acordo com a função de Arquimedes que se refere à massa no ar pelas diferentes massas (ar e líquido) multiplica-se pela densidade desse líquido. Este dispositivo está disponível no Ministério da Ciência e Tecnologia / Departamento de

Materiais.

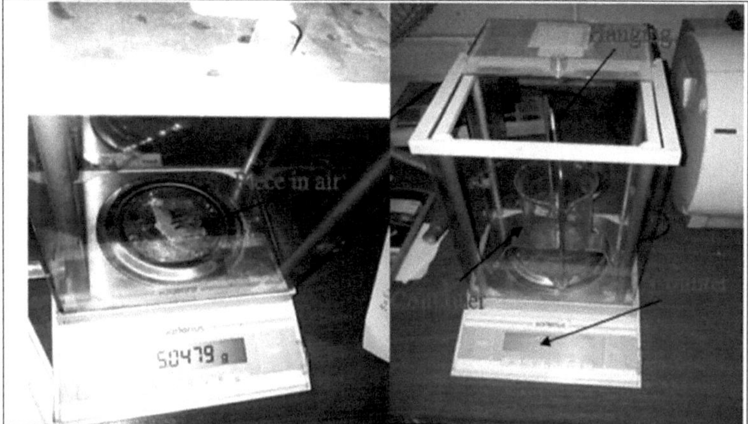

Fig.(4-12): Aparelho de medição da densidade.

1.4 Teste de dorsiflexão do pé

As propriedades dos componentes protéticos prescritos aos amputados têm um potencial de conforto, mobilidade e saúde. Foram medidas as diferenças nas propriedades estruturais da região do calcanhar dos pés das próteses atualmente disponíveis.

O aparelho de teste da dorsiflexão do pé, ilustrado na **Fig. (4-13)** e na **Fig. (4-14),** foi concebido e construído especialmente para examinar a dorsiflexão do pé. É constituído por: **1-** Estrutura (madeira).

2- Veio (aço).

3- Massas de disco normalizadas (ferro fundido).

4- Madeira triangular com ângulo (20°).

Este dispositivo está disponível na Universidade de Al-Nahrain/Departamento de Mecânica.

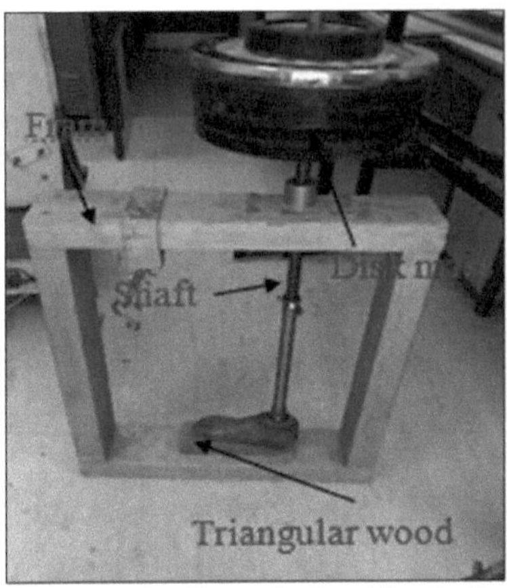

Fig.(4-13): Teste de dorsiflexão do pé.

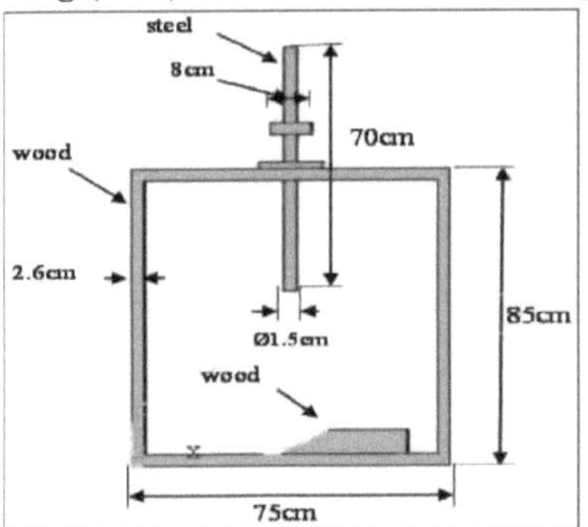

Fig.(4-14): Diagrama esquemático do aparelho de teste de dorsiflexão do pé.

4.5 Conceção e fabrico de um pé não articulado

No Iraque e na maioria dos países, o pé SACH é amplamente utilizado, mas este pé tem uma pequena dorsiflexão na região do tornozelo, depende da extremidade de flexão do pé dianteiro, pelo que é desconfortável. A partir de quarenta casos de falha do pé no Centro de Membros Artificiais de Bagdade para o pé SACH, verifica-se que a região de falha se situa a meio caminho entre a cabeça dos metatarsos e a extremidade distal das falanges, como se mostra na **Fig. (4-15),** esta região é a extremidade da quilha e a carga alternativa é aplicada a ela. O pé SACH no Iraque provém de diferentes empresas, tais como o pé alemão (Atto Bock Company) e o pé francês (Janton Company), não existindo qualquer projeto ou fabrico de pé neste país. A desvantagem do pé SACH pode ser ultrapassada através da conceção e do fabrico de um novo desenho de pé, o que depende da dorsiflexão e das propriedades mecânicas do material que impedem a falha por fadiga.

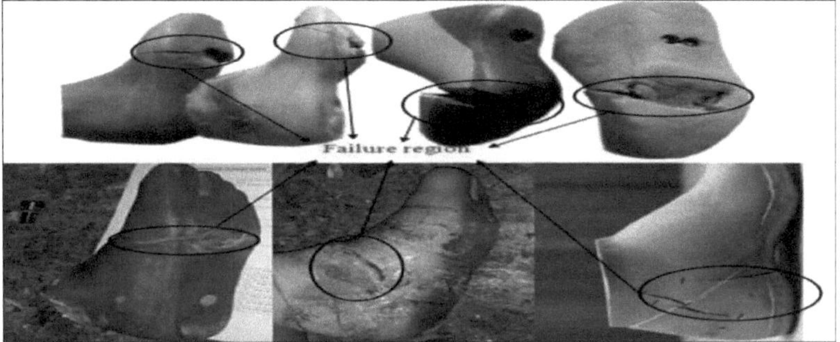

Fig.(4-15): A falha dos pés.

4.5.1 A ideia do desenvolvimento do pé protético

Neste estudo foram desenvolvidos dois pés protésicos não articulados que incluem uma gama desenvolvida de materiais e, em seguida, selecionar os materiais benéficos que requerem flexibilidade e rigidez, o que significa que a ideia de separar dos outros pode ser classificada como :

1- O objetivo de adicionar a mistura de 10% de PEBDL a 90% de PEAD para tornar o PEAD flexível, em que a densidade do PEBDL é inferior à do PEAD, uma vez que a proporção de cristais no PEAD é superior à do PEBDL. Além disso, o PEBDL tem a capacidade de se adaptar e sofrer a carga que lhe é aplicada. Este estudo foi selecionado para obter a vantagem da flexibilidade do novo pé protético, que ajuda a pessoa quando necessita de fazer dorsiflexão.

2- A ideia de adicionar a mistura de 60% de PDW a 40% de HDPE veio do pé de Kingsley SACH, que continha uma quilha de madeira coberta com borracha. A propriedade que pode caraterizar a madeira de tamareira era a rigidez e alguma flexibilidade, pelo que se lhe adicionou uma gama de PEAD para imitar o Kingsley SACH, como se mostra na **Fig. (4-16).**

Fig.(4-16): A SACH de Kingsley.

As fases de fabrico são as seguintes

1- O desenho da forma no programa AutoCAD é mostrado na **Fig. (4-17)**.

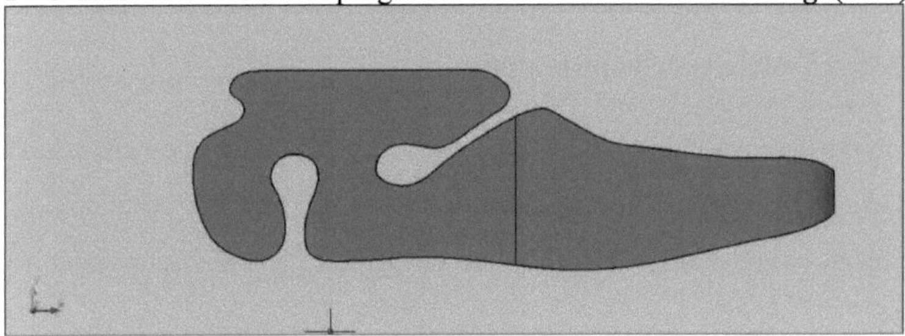

Fig.(4-17): O desenho do pé não articulado no AutoCAD.

2- Esculpir a forma geral.

3- Fundição de um molde negativo em metal.

4- Maquinação para modificar o molde negativo, como se mostra na **Fig. (4-18).**

Fig.(4-18): Modificação do molde negativo de fundição.

5- Disposição do molde no interior da máquina de injeção.

6- Preparar o grânulo de polietileno no cone da máquina e ajustar a temperatura (200°C), a pressão e o tempo de injeção. A máquina de injeção, como se mostra na **Fig. (4-19),** contém quatro zonas de aquecimento, o primeiro aquecedor é (80°C) e o quarto aquecedor é (300°C) para a mistura de LLDPE e HDPE. Os materiais compósitos de

HDPE e DPW foram selecionados (300°C). Esta temperatura aumenta gradualmente.

Fig.(4-19): Máquina de injeção. [Fábrica de Almustafa, Bab-Al-Moatham, Bagdade].

7- Injetar a mistura quente de materiais compósitos granulados no interior do molde. O pé de injeção é mostrado nas **Fig.(4-20)** e **Fig.(4-21).**

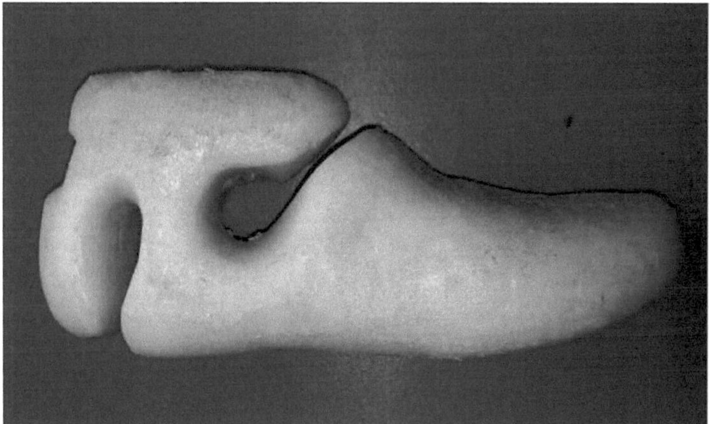

Fig.(4-20): O pé de injeção misturado de (LLDPE e HDPE).

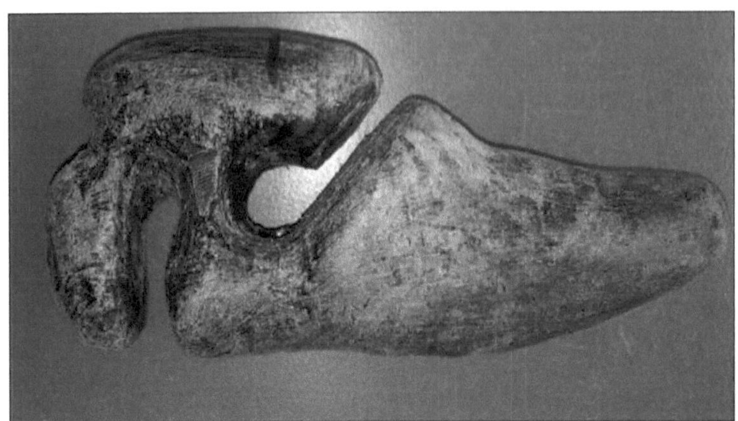

Fig.(4-21): O pé de injeção misturado de (HDPE e DPW).

8- Foi efectuado um furo no novo pé protésico e, em seguida, adicionados o parafuso e o adaptador. As duas formas finais do produto são apresentadas na **Fig. (4-22)** e na **Fig. (4-23).** A quilha de madeira do pé SACH proporciona estabilidade a meio da passada, mas pouco movimento lateral. São adicionados materiais de enchimento ao calcanhar para absorver o impacto, como se mostra na **Fig. (3-5)** no capítulo três anterior.

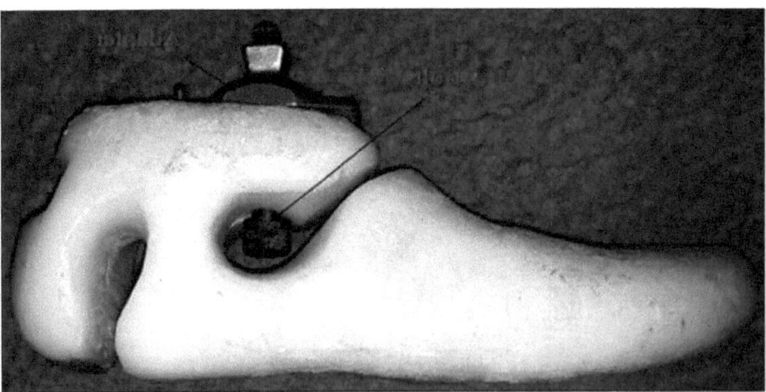

Fig.(4-22): O pé não-articulado final com parafuso e adaptador.

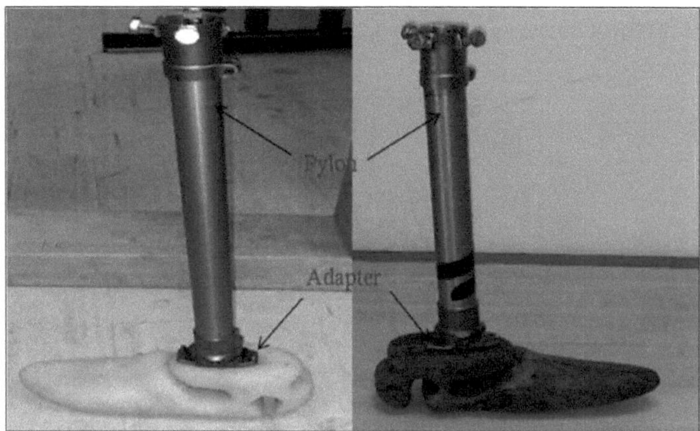

Fig.(4-23): O produto final de dois modelos de pé não-articulado.

4.6 O teste do pé

4.6.1 Ensaio de fadiga do pé

A durabilidade e as caraterísticas de fadiga do pé protético são muito importantes para decidir que tipo de pé protético prescrever a um determinado doente. O pé SACH é colocado no aparelho de teste de fadiga para obter a vida útil do pé. Este procedimento é aplicado ao pé não articulado para comparar as duas vidas. A carga é alternativa de modo a simular a marcha normal, o pistão 1 atinge o calcanhar do pé e o pistão 2 atinge o antepé em sequência. Um contador no aparelho de teste de fadiga do pé registava o número de golpes. A frequência dos golpes foi controlada utilizando o frequencímetro, de acordo com a Organização Internacional de Normalização (Norma ISO 10328), que descreve os métodos de ensaio utilizando testes de resistência estáticos e cíclicos 12. Os testes estáticos referem-se às cargas máximas geradas, enquanto os testes cíclicos se referem a actividades normais de marcha. Três amostras do pé não articulado foram ensaiadas utilizando uma modificação da norma ISO- 10328 **[60]**, sequência de ensaio num aparelho de ensaio de fadiga personalizado, como se mostra nas **Figs. (4-24)** e **(4-25).** Foi imposta uma forma de onda de pico duplo que corresponde ao perfil da força de contacto, utilizando o calcanhar e a biqueira, com picos de 846N a uma frequência de 1 Hz. Além disso, as forças têm de ser aplicadas a 15° e anteriormente ao eixo da tíbia aquando da batida do calcanhar e a 20° posteriormente ao eixo da tíbia aquando da saída do dedo do pé.

Fig. (4-24): Teste de fadiga do pé não articulado.

Fig.(4-25): Teste de fadiga do pé SACH.

O valor da carga aplicada é obtido a partir do dispositivo de força de reação do solo, onde se obtém o máximo das forças médias durante os ciclos.

Para encontrar um valor de força específico, podem ser determinadas várias combinações de pressão do compressor a partir de:

$$F = \pi/4\ D^2_{bore} * P \quad \text{..........(4-1)}$$

Onde: F é a força desejada, D_{bore} é o diâmetro do furo e P é a pressão aplicada no pé.

4.6. 2Teste de dorsiflexão

Para realizar o teste de dorsiflexão, é necessário fabricar uma madeira triangular com um ângulo de 20° e apoiá-la numa régua graduada, como mostra a **Fig. (4-13).** Este pedaço de madeira é colocado na nova máquina de teste de dorsiflexão do pé. É colocado debaixo da cruzeta. O pé toca na madeira triangular e aplica uma força sobre ela; esta força simula a força de reação do solo. Esta tese começa a adicionar cargas a partir de ON, com incremento de (245.25N), gradualmente até atingir (784.8N). O teste de dorsiflexão é aplicado a dois tipos diferentes de pés, o pé SACH e o novo pé de dois desenhos, e é feita uma comparação com um pé humano normal que pode ser calculado como se mostra nas **Fig.(4-26)** e **Fig.(4-27).** A quantidade de dorsiflexão relacionada com a deslocação vertical é, por conseguinte, determinada pela alavanca do dedo do pé, em que a alavanca do dedo do pé está distante do pilão ligado ao pivô correspondente à bola do pé.

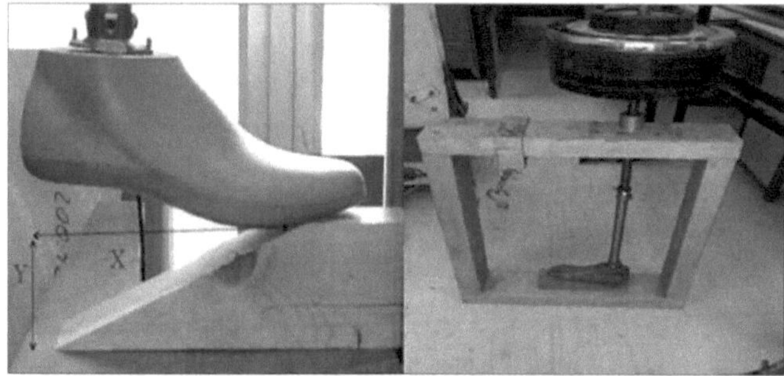

Fig. (4-26): Teste de dorsiflexão do pé SACH.

Fig.(4-27): Teste de dorsiflexão dos novos pés protésicos.

CAPÍTULO 5

RESULTADOS E DEBATES

5.1 Introdução

Os modelos de pé não-articulado concebidos neste trabalho foram modelados e submetidos a cargas estáticas e numéricas utilizando o método dos elementos finitos. Um protótipo em tamanho real deste pé não articulado foi testado experimentalmente. Os resultados foram comparados com os modelos que foram fabricados com o pé SACH. Este capítulo contém os resultados e a discussão do trabalho numérico e experimental utilizado nesta tese.

5.2 Resultados experimentais

5.2.1 Ensaios de tração de misturas de PEBDL e PEAD

O ensaio de tração é um ensaio mecânico em que uma máquina é utilizada para deformar um provete sob uma carga de tensão gradualmente crescente. As propriedades mecânicas de todos os materiais são apresentadas na **Tabela (5-1).**

Tabela (S-l): Propriedades mecânicas das misturas a 25°C. A notação x/y representa a relação LLDPE/HDPE w/w.

Parameters	Blends ratio of LLDPE/ HDPE blend w/w (g)					
	0/100	10/90	25/75	50/50	75/25	100/0
Yield stress(MPa)	18	18	14	12	11	10
Ultimate stress(MPa)	26	26	21	19	18	16
Modulus of elasticity (GPa)	1.00	0.7826	0.560	0.387	0.275	0.16

Os polímeros termoplásticos têm a vantagem de possuir fortes ligações intermoleculares que resultam numa boa biocompatibilidade e resistência aos danos causados pela humidade. Os compósitos de polímeros foram introduzidos como material de eleição para sistemas de membros, devido ao seu "peso leve, resistência à corrosão, resistência à fadiga, estética e facilidade de fabrico". Os compósitos de polímeros podem ser compósitos termoendurecíveis ou termoplásticos reforçados com vidro ou carbono

[61]. A curva tensão-deformação do PEAD sem enchimento é ilustrada na **Fig. (5-1).** Observou-se que a tensão na rutura é menor do que no compósito, o que se deve à rigidez do PEAD, que é caracterizada pelo módulo de Young.

O valor máximo de 1 GPa para o HDPE puro. **As Figs. (5-2), (5-3), (5-4), (5-5)** e **(5-6)** mostram que o módulo de elasticidade aumentou com a diminuição da quantidade de concentrações de LLDPE nas misturas.

O resultado mostrou que com o aumento das concentrações de LLDPE, o alongamento na rutura do compósito aumentou. Também é evidente na **Fig.(5- 1)** que a tensão final diminuiu de 26 MPa no HDPE puro para 16 MPa no LLDPE puro, como mostra a **Fig.(5-6).**

Verifica-se um aumento do alongamento na rutura em qualquer adição, onde o alongamento é de 0-95% no HDPE e reduzido no LLDPE de 0-483% na curva tensão-deformação, como se mostra na **Fig.(5-1)** e **Fig.(5-6),** respetivamente. O aumento da tensão de cedência indica uma ação de reforço do PEAD sobre a resina PEBDL.

Observou-se que houve uma diminuição da tensão de cedência, o que significa que um material tem uma resistência mais elevada antes da aplicação de tensão e, à medida que lhe é aplicada tensão, o material afrouxa em tensão, com uma diminuição da resistência à tração no ponto de cedência. O resultado demonstrou que pode ser utilizada a mistura de 10% de LLDPE e 90% de HDPE para maior flexibilidade.

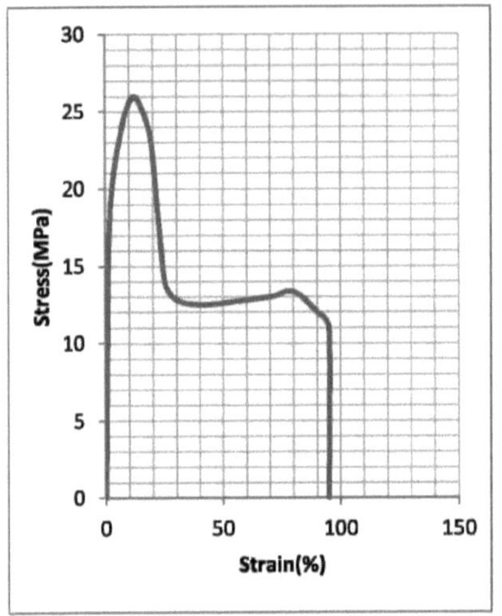

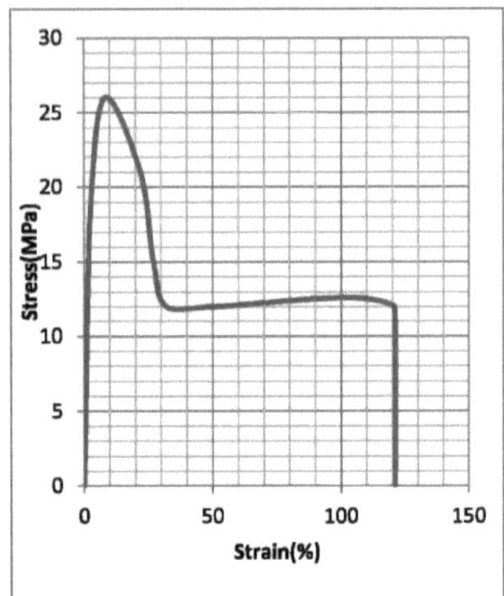

Fig.(5-2): Curva tensão-deformação para 10% 100% HDPE.

Fig.(5-1): Curva tensão-deformação para LLDPE e 90% de HDPE

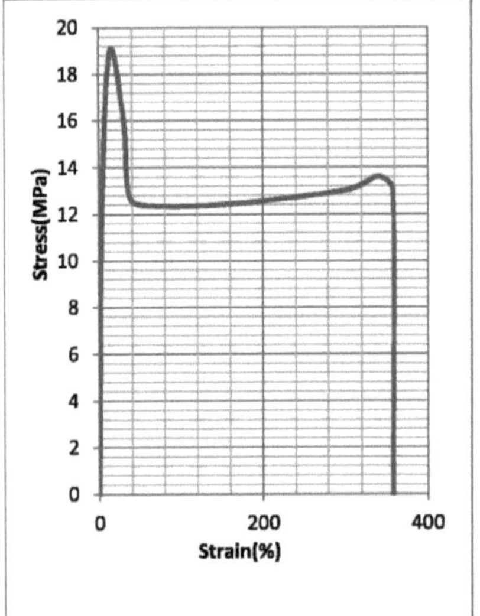

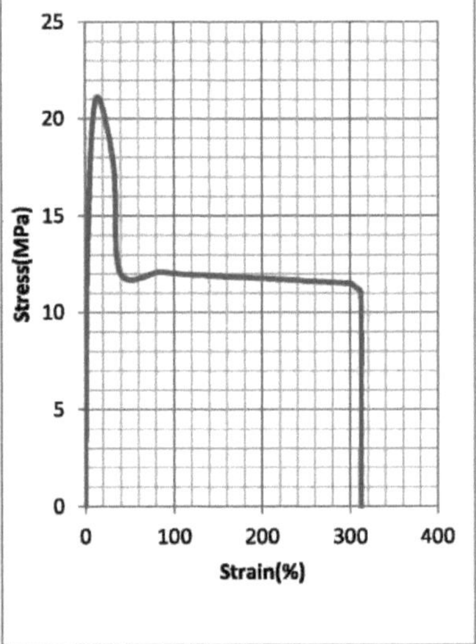

Fig.(5-3): Curva tensão-deformação para misturas de 25% de LLDPE e 75% de HDPE.

Fig.(5-4): Curva tensão-deformação para misturas de 50% de LLDPE e 50% de HDPE.

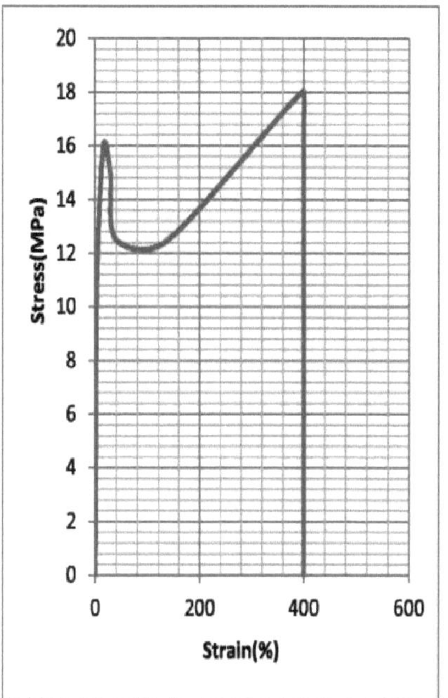

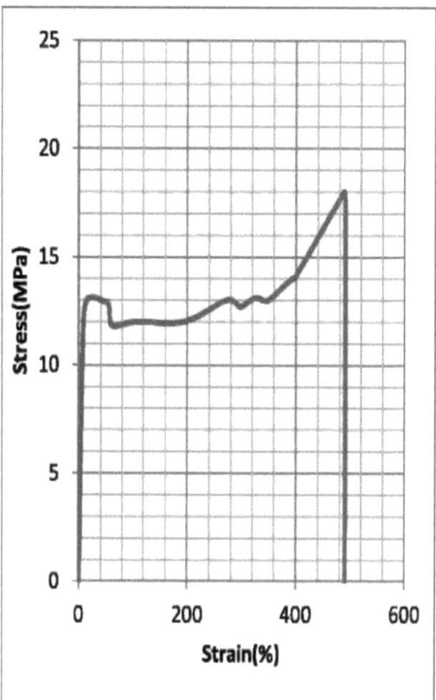

Fig.(5-5): Curva **tensão-deformação** para misturas de 75% de LLDPE e 25% de HDPE
Fig.(5-6): Curva tensão-deformação para 100% LLDPE.

5.2.2 Ensaios de impacto de misturas de PEBDL e PEAD

Os ensaios de impacto são amplamente utilizados para caraterizar a resistência à fratura dos materiais porque tentam simular as condições de carga mais severas a que um material pode ser sujeito **[62].**

A diminuição da energia de impacto contrasta, no entanto, com estudos anteriores, uma vez que a linearidade geralmente confere resistência.

Verifica-se que os valores da energia de impacto diminuem significativamente quando se mistura o PEAD com o PEBDL, sendo o valor mínimo da energia de impacto de 54,84 KJ/m .^{2}

Notou-se uma ligeira diminuição nas propriedades ao adicionar 10 g de PEBDL ao

PEAD, onde a energia de impacto reduz de 85,2 no PEAD para 85,04 no PEBDL, o que é demonstrado na **Tabela (5-2).**

Tabela (5-2): Propriedades de impacto das misturas a 25°C. A notação x/y representa a relação LLDPE/HDPE w/w.

Parameters	Blends ratio of LLDPE/ HDPE blend w/w (g)					
	0/100	10/90	25/75	50/50	75/25	100/0
Energy (J)	3.95	4.1	3.8	3.55	3	2.8
Cross section exact area (mm^2)	9.95* 4.66	10.15* 4.75	10.02* 4.92	10.8* 4.71	9.96* 4.56	10.86* 4.7
Impact energy (KJ/m^2)	85.2	85.04	77.24	69.8	66.054	54.86

Estes resultados foram comparados com os resultados de um artigo que aproxima estes valores **[63].**

5.2.3 Ensaios de densidade de misturas de PEBDL e PEAD

O polietileno de alta densidade (PEAD) é um polímero predominantemente linear de etileno, com uma densidade superior a 0,940 g/cm^3 [64]. Os ensaios de densidade podem ser efectuados utilizando o papel de Arquimedes, que depende das massas no ar e na água.

Os resultados foram observados que a densidade da mistura diminuiu com a razão de adição de LLDPE. Além disso, o evidente a partir deste valor de mistura de 10% de LLDPE com 90% de HDPE houve um ligeiro decréscimo na densidade devido à diminuição da razão cristalina da mistura como mostrado na **Tabela (5-3).**

Tabela (5-3): Propriedades físicas das misturas a 25°C. A notação x/y representa a relação LLDPE/HDPE w/w.

Parameters	Blends ratio of LLDPE/ HDPE blend w/w (g)					
	0/100	10/90	25/75	50/50	75/25	100/0
Density(kg/m^3)	950	946	942	939	933	928

5.2.4 Ensaios de tração de misturas de PEBDL, PEAD e DPW

Vários investigadores estudaram compósitos através da preparação de matrizes poliméricas a partir de fibras de tamareira. O DPW reforçou os compósitos e tornou-os mais rígidos. A tensão de flexão no pico e o módulo de Young aumentaram com o aumento do teor de carga em toda a região de concentração **[65]**. A curva tensão-deformação do compósito foi preparada com 60% de LLDPE e 40% de DPW, como se mostra na **Fig. (5-7)**.

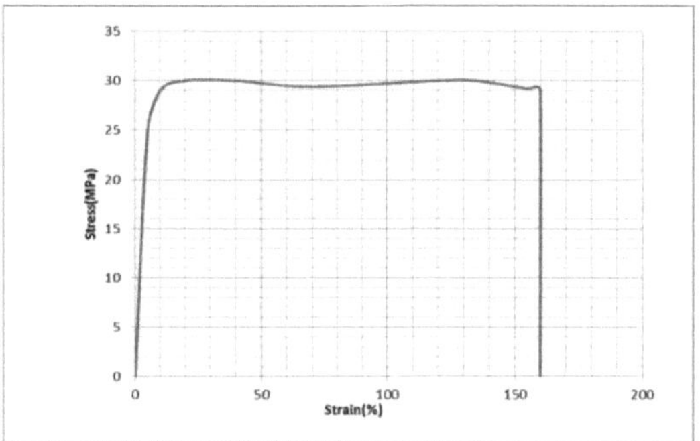

Fig.(5-7): Curva tensão-deformação para 60% LLDPE e 40% DPW.

É evidente a partir das **Figs. (5-6)** e **(5-7),** que a tensão de cedência aumentou de 15MPa para 25MPa e a tensão final de 18MPa para 30MPa. Além disso, o módulo de Young aumentou de 0,16GPa para 0,5GPa, respetivamente.

Também demonstram que as propriedades das misturas de 30% LLDPE / 30% HDPE preenchidas com 40% DPW, como se mostra na **Fig. (5-4)** em comparação com a **Fig. (5-8)**, aumentaram a tensão de cedência de 12MPa para 33MPa e a tensão final de 21,2MPa para 38MPa, além disso, o módulo de Young aumentou de 0,4GPa para 1,1 GPa, respetivamente.

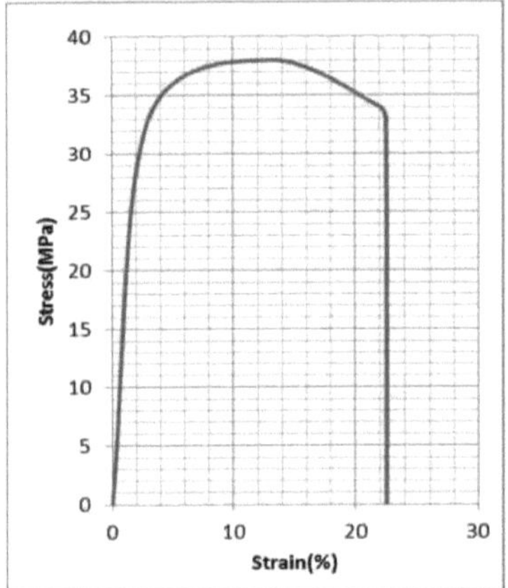

Fig.(5-8): Curva tensão-deformação para 30% LLDPE, 30% HDPE e 40% DPW.

Um aumento do módulo de Young de 1,1 GPa para 1,8GPa, da tensão de cedência de 33MPa para 45MPa e da tensão final de 38MPa para 50MPa, como se mostra na **Fig. (5-8)** e **Fig. (5-9),** respetivamente. Para reduzir o custo dos materiais utilizados, o polietileno linear reciclado de baixa densidade (RLLDPE) foi misturado com pó de madeira de tamareira (DPW) **[65].** Assim, as moléculas de ligação são importantes para todas as propriedades de resistência do polietileno. Por conseguinte, as concentrações crescentes de LLDPE introduziram moléculas de ligação na mistura de polímeros.

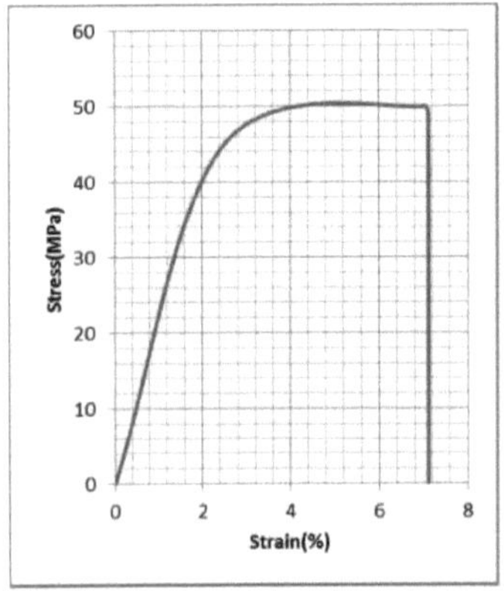

Fig.(5-9): Curva tensão-deformação para 60% HDPE e 40% DPW.

A partir das **Figs. (5-7), (5-8)** e **(5-9),** a tensão de cedência, a tensão final e o módulo de elasticidade aumentam com a diminuição da proporção de LLDPE e com o aumento da proporção de HDPE com misturas constantes de DPW, como mostrado na **Tabela (5-4).**

Tabela (5-4): Propriedades mecânicas dos compósitos a 25°C. A notação x/y representa a relação LLDPE/HDPE/ DPW w/w.

Parameters	Blends ratio of LLDPE/ HDPE/DPW blend w/w (g)		
	60/0/40	30/30/40	0/60/40
Yield stress(MPa)	25	33	45
Ultimate stress(MPa)	30	38	50
Modulus of elasticity(GPa)	0.5	1.1	1.8

No entanto, este estudo centra-se no estudo das propriedades para conceber um pé protésico a partir de um novo material disponível e de baixo custo, pelo que o objetivo da utilização de HDPE reforçado com DPW para obter a melhor mecânica demonstra que, quando se mistura 60% de HDPE com 40% de DPW, a tensão de cedência aumenta de 8 MPa para 45 MPa e a tensão final de 26 MPa para 50 MPa, como se mostra nas **Figs. (5-1)** e **(5-9),** respetivamente.

5.2.5 Ensaios de impacto de misturas de PEBDL, PEAD e DPW

A diminuição da energia de impacto contrasta, no entanto, com estudos anteriores, uma vez que a linearidade geralmente confere resistência. Pode notar-se que os valores da energia de impacto diminuem significativamente quando se misturam o DPW, o HDPE e o LLDPE, onde o valor mínimo da energia de impacto foi de 53,78 kJ/m^2 , o que é demonstrado na **Tabela (5-5).**

Notou-se uma ligeira diminuição nas propriedades quando se adicionou 40 g de HDPE com 60 g de DPW em comparação com o HDPE puro. A melhor resposta de tenacidade foi de 84 kJ/m^2 , apareceu na mistura de HDPE e DPW em comparação com outra proporção de mistura na tabela.

Tabela (5-5): Propriedades de impacto das misturas a 25°C. A notação x/y representa a relação LLDPE/HDPE/ DPW w/w.

Parameters	Blends ratio of LLDPE/ HDPE/DPW blend w/w (g)		
	60/0/40	30/30/40	0/60/40
Energy(J)	2.745	3.495	3.895
Cross section exact area(mm^2)	10.86*4.7	10.8*4.71	9.95*4.66
Impact energy (KJ/m^2)	53.78	68.71	84

5.2.6 Ensaios de densidade de misturas de LLDPE, HDPE e DPW

A dependência da densidade específica recíproca dos compósitos com o teor de carga em peso. Foi observado um aumento em ambas as propriedades com um aumento do teor de carga. **[66].** As densidades das misturas à temperatura ambiente estão representadas na **Tabela (5-6).**

Tabela (5-6): Densidades das misturas a 25°C. A notação x/y representa a relação LLDPE/HDPE/ DPW w/w.

Parameters	Blends ratio of LLDPE/ HDPE/DPW blend w/w (g)		
	60/0/40	30/30/40	0/60/40
Density(kg/m^3)	945	953.4	961.6

Os resultados mostrados na **Tabela (5-6)** evidenciaram o aumento da densidade com o aumento da proporção de HDPE e a diminuição da proporção de LLDPE com a proporção constante de misturas DPW.

5.2.7 Resultados experimentais obtidos com o pé

5.2.7.1 Resultados do teste do pé de fadiga

As caraterísticas de fadiga do pé protésico são muito importantes para decidir que tipo de pé protésico deve ser prescrito para um determinado doente. O aparelho de teste de fadiga foi adequado para esta investigação, uma vez que aplicou forças que se aproximam das forças de reação do solo para o ciclo normal de marcha [67]. Para se ter uma garantia realista da durabilidade da prótese e do seu desempenho a longo prazo, é necessário efetuar testes de carga cíclica no pé. Uma equipa de design sénior anterior construiu uma máquina experimental para testar a fadiga. A máquina é constituída por uma estrutura, dois pistões pneumáticos e uma caixa de controlo que comanda válvulas solenóides para permitir a entrada de pressão de ar nos cilindros. Para determinar a validade da máquina de teste de fadiga do pé não articulado em comparação com outras máquinas de teste atualmente utilizadas, o pé SACH padrão da indústria foi testado numa das estações de teste para determinar o seu tempo de falha. Nesta dissertação foram testados três modelos de pés protéticos, onde os testes incluem dois modelos de pés protéticos que fabricaram e o pé SACH. O pé SACH retirado do ensaiador aos 896.213 ciclos foi colocado no ensaiador poucos meses após o seu fabrico como mostra a **Fig.(5-10).** Isto pode indicar que a degradação do material é um fator na esperança de vida dos pés SACH; no entanto, teriam de ser realizados mais testes.

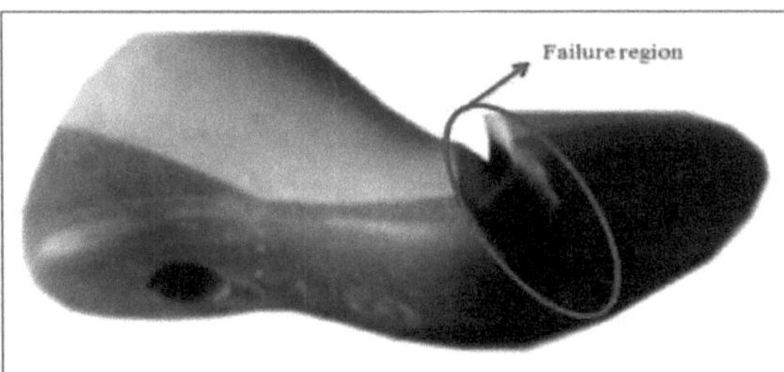

Fig.(5-10): Região de falha no pé SACH.

A nova conceção de pé não articulado falhou num provete aos 2.193.228 ciclos para o pé fabricado a partir da mistura de 10% de PEBDL e 90% de PEAD, como se mostra na **Fig. (5-ll).**

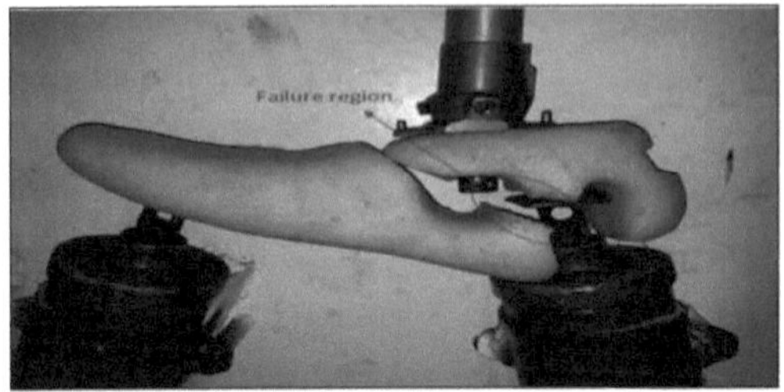

Fig.(5-ll): Região de falha no pé não articulado (HDPE e LLDPE).

O outro projeto de desenvolvimento de um novo pé protético falhou num espécime a 1.049.135 ciclos, que foi fabricado a partir de materiais compósitos de 40% de HDPE e DPW, como se mostra na **Fig. (5-12).**

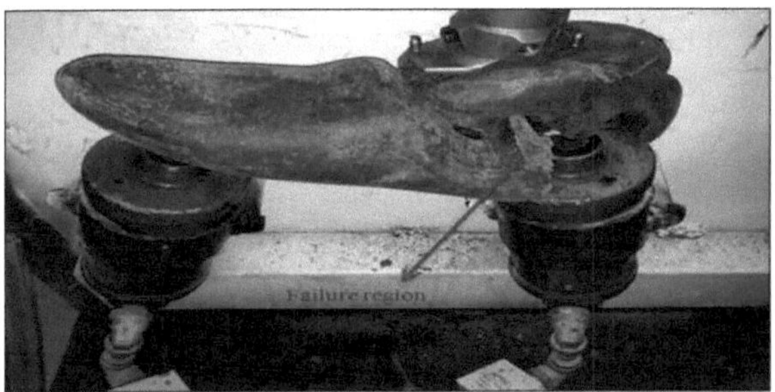

Fig.(5-12): Região de falha no desenvolvimento de pé não articulado (HDPE e LLDPE).

Os resultados demonstraram que os ciclos dos materiais compósitos desenvolvidos (HDPE e DPW) eram inferiores aos da mistura (HDPE e LLDPE) devido à flexibilidade da mistura. Esta falha por fadiga clássica é consistente com os resultados de outros observadores em estudos experimentais de pés não articulados. Após o teste de ciclo inicial no testador de fadiga, a falha por fadiga do pé não articulado não foi detectada até à falha, porque a propagação da fenda a partir de um local é difícil de observar visualmente. Os resultados do estudo ISO estão resumidos na **Tabela (5-7).**

Tabela (5-7): Vida útil de diferentes pés.

Type of Foot	Life of Foot (Cycles)
SACH foot	896,213
Non-Articulated foot (90%HDPE+10%LLDPE)	2,193,228
Develops non-articulated foot (40%HDPE+60%DPW)	1,049,135

5.1.7.2 Resultados da dorsiflexão

As Figs. (5-13), (5-14) e **(5-15)** mostram os resultados do ângulo de dorsiflexão, respetivamente, para o pé SACH, o pé não articulado de (HDPE e LLDPE) e o pé não articulado de (HDPE e DPW).

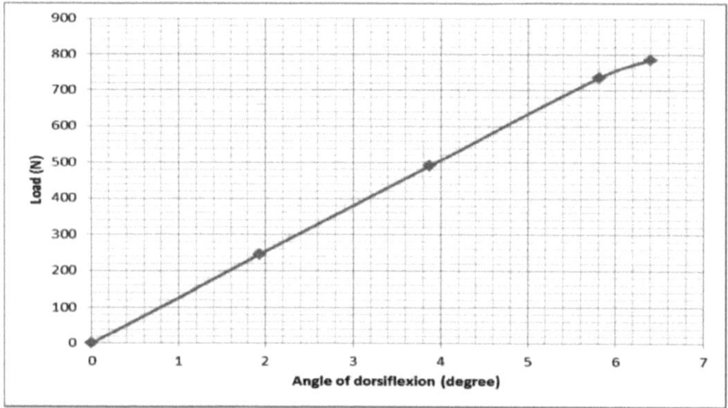

Fig. (5-13): Carga experimental com ângulo de dorsiflexão para SACH.

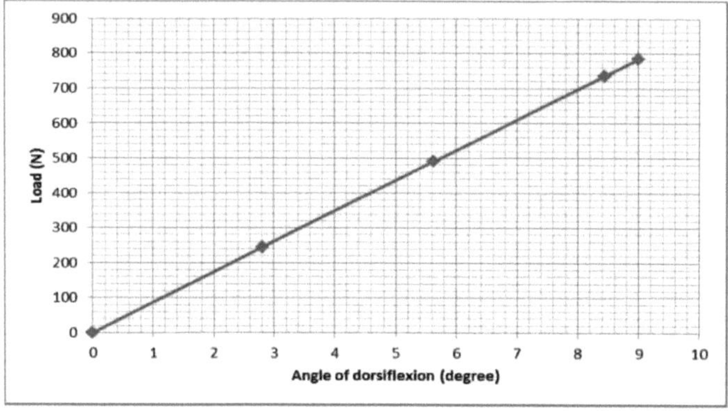

Fig.(5-14): Carga experimental com dorsiflexão para pé

de projeto não articulado

de (HDPE e LLDPE).

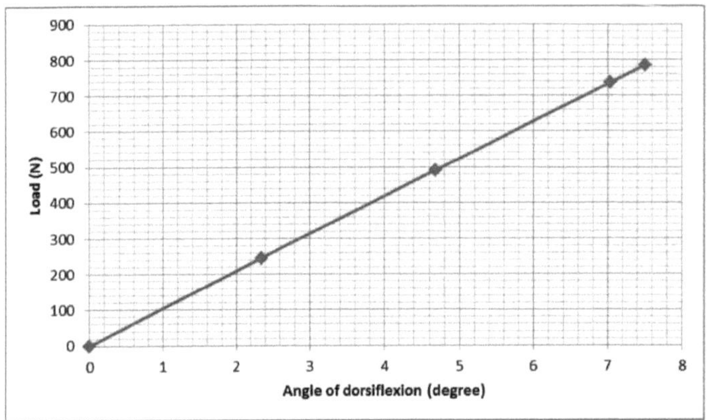

Fig.(5-15): Carga experimental com dorsiflexão para o pé de projeto não articulado de (HDPE e DPW).

Os resultados demonstraram que o ângulo de dorsiflexão da mistura de HDPE e DPW é menor do que o ângulo da mistura de LLDPE e HDPE, o que se deve à rigidez dos materiais compósitos de HDPE e DPW. Os ângulos máximos de dorsiflexão para o pé humano normal, o pé SACH e o pé não articulado estão tabelados na **Tabela (5-8).**

Tabela (5-8): Ângulo de dorsiflexão para diferentes pés (carga = 846 N).

Type of Foot	Dorsiflexion Angle
Normal human foot [9]	from 4.2° to 10°
SACH foot	6.4°
Articulated foot (90%HDPE and 10%LLDPE)	9°
Non-articulated foot (40%HDPE and 60%DPW)	7.5°

5.3 Resultados da análise numérica

5.3.1 Análise estática

As propriedades de fadiga e estáticas de dois modelos de próteses de pé não articulado foram investigadas utilizando o método dos elementos finitos (ANSYS 14).

O objetivo desta análise é investigar as tensões e deformações do pé não articulado fixado com força, depois de assumir que este valor é a média da carga aplicada (86Kg ou 846N).

As Figs. (5-16) e **(5-17)** mostram a distribuição das tensões de Von-Mises ao longo do pé não articulado, na deformação do pé acima mencionada e o contorno das tensões de Von-Mises na fase de saída do pé com uma força de (846 N), respetivamente.

A Fig. (5-16) mostra as tensões de Von-Mises para o pé apresentado, observando-se que a tensão de Von-Mises máxima foi de 29,343 MPa no adaptador e o valor mínimo foi de $1{,}2693 * 10^{-9}$ MPa no pé não articulado de (HDPE e LLDPE).

A Fig. (5-17) mostra as tensões de Von-Mises para o pé apresentado, observando-se que a tensão de Von-Mises máxima foi de 28,978 MPa no adaptador e o valor mínimo foi de $3{,}0562 * 10^{-9}$ MPa no pé não articulado de (HDPE e DPW).

Os resultados apresentados nas **Figs. (5-16)** e **(5-17)** explicam as pequenas diferenças nos valores das tensões e mostram a distribuição das tensões de Von-Mises no pé protético não articulado, sendo claro que a tensão máxima está localizada no parafuso na região da interface entre o adaptador e o pé na raiz, porque a secção transversal é mínima na raiz.

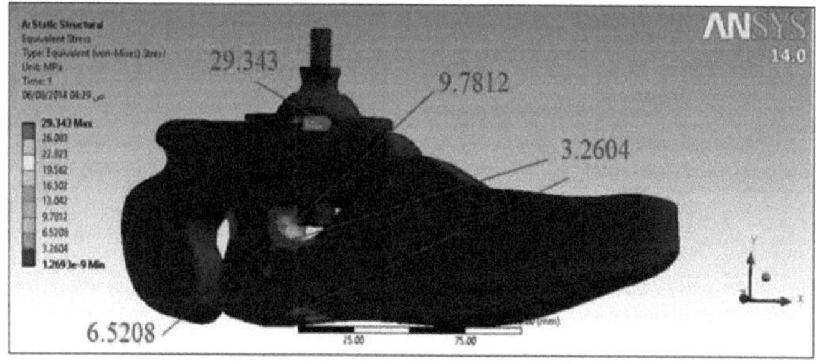

Fig.(5-16): Tensões de Von-Mises ao longo do pé não articulado de (HDPE e LLDPE).

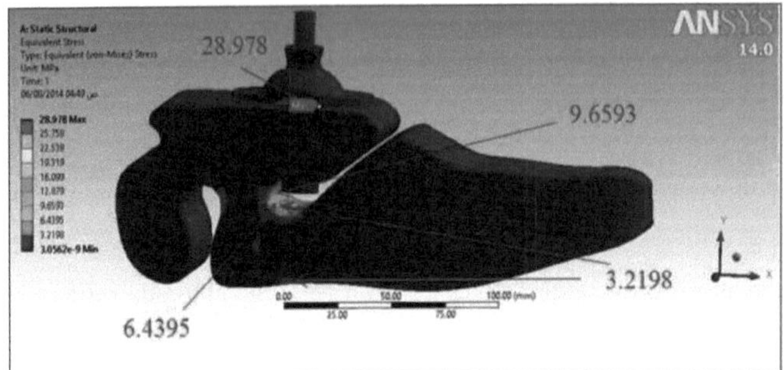

Fig.(5-17): Tensões de Von-Mises ao longo do pé não-articulado de (HDPE e DPW).

Os resultados são mostrados nas **Figs. (5-18)** e **(5-19)** e observou-se que os valores máximos de deformação se referem à região máxima de falha. Os valores máximos de deformação no pé de (HDPE e LLDPE) e (HDPE e DPW) foram 0,014575 e 0,0073236.

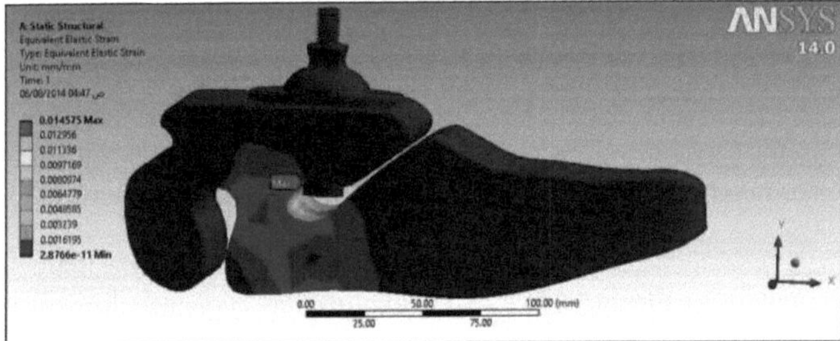

Fig.(5-18): Deformações de Von-Mises ao longo do pé não-articulado de (HDPE e LLDPE).

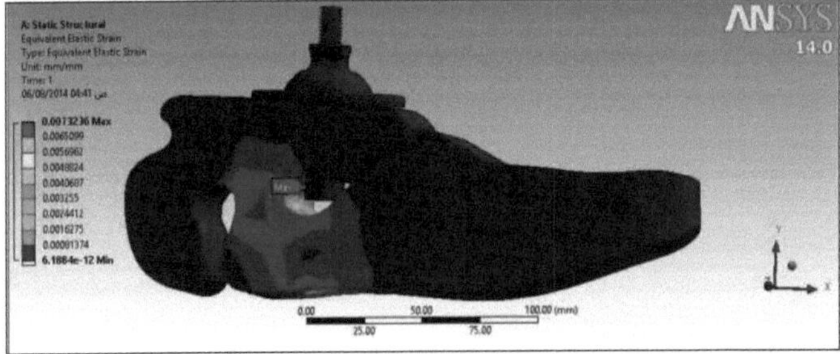

Fig.(5-19): Deformações de Von-Mises ao longo do pé não-articulado de (HDPE e DPW).

Para comparar os resultados da tensão do pé protésico não articulado obtidos no ANSYS com os resultados do pé normal obtidos no ABAQUS. O módulo de Young e o rácio de Poisson dos ligamentos da cartilagem e da fáscia plantar foram selecionados a partir da literatura, como se mostra na **Tabela (5-9) [68],**

Tabela (5-9): Propriedades dos materiais e tipos de elementos das partes anatómicas do modelo de elementos finitos **[68]**,

Component	Young's modulus (MPa)	Poisson's ratio	Element type	Cross sectional (mm^2)
Bones	7300	0.3	3D-tetrahedral	/
Soft tissue	Hyper elastic		3D-tetrahedral	/
Cartilage	10	0.4	3D-tetrahedral	/
Ligaments	260	0.4	Tension-only truss	18.4
Plantar fascia	350	0.4	Tension-only truss	58.6

As distribuições previstas da tensão de Von-Mises das estruturas ósseas para ambos os modelos são apresentadas na **Fig. (5-20).** Relativamente às distribuições das tensões articulares, para o pé normal, um pico de tensão de Von-Mises de cerca de 6,766 MPa **[68]**, enquanto que para o pé não protético de (HDPE e LLDPE) e (HDPE e DPW) os valores de pico são, respetivamente, 9,7812 e 9,6598 MPa em relação às propriedades do pé normal.

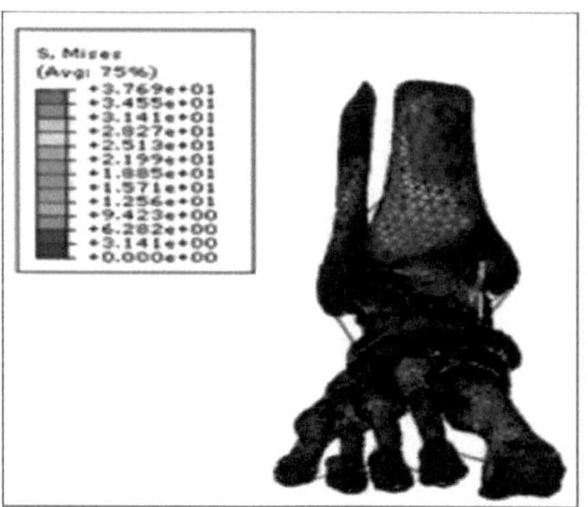

Fig. (5-20): Distribuição das tensões de Von-Mises do pé normal **[68]**.

Este estudo teve como objetivo gerar modelos de pé normal, tecidos moles, utilizando imagens de TAC e o software MIMICS (Materialise) e o software SOLIDWORKS, exportando depois este modelo para os códigos ABAQUS **[68]**.

A Fig. (5-21) mostra a distribuição da deformação na superfície superior ou inferior do pé modificado. Pode ser visto na figura que a deformação máxima está localizada na ponta do pé. A deformação máxima do valor do pé não articulado de (HDPE e LLDPE) no pé do dedo do pé foi de 5,0268 mm.

A Fig. (5-22) mostra a distribuição da deformação na superfície superior ou inferior do pé modificado. Pode ser visto na figura que a deformação máxima está localizada na ponta do pé. Além disso, os resultados demonstraram que a deformação no pé não articulado de (HDPE e LLDPE) é menor do que no pé não articulado de (HDPE e DPW).

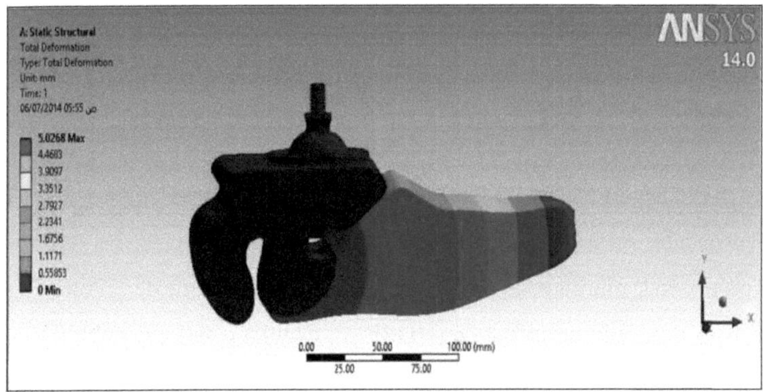

Fig. (5-21): Contorno de deformação total do pé não-articulado de (HDPE e LLDPE).

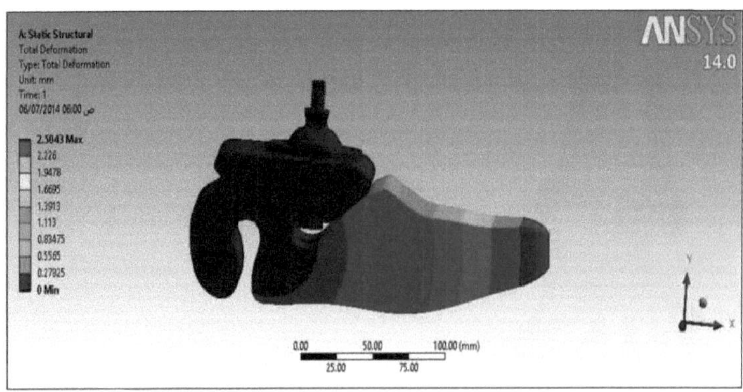

Fig. (5-22): Contorno de deformação total do pé não-articulado de (HDPE e DPW).

Os resultados numéricos mostram que a falha da região para o projeto do pé não articulado ocorre num provete para o pé fabricado a partir da mistura de 10% de PEBDL e 90% de PEAD, como se mostra na **Fig. (5-23).**

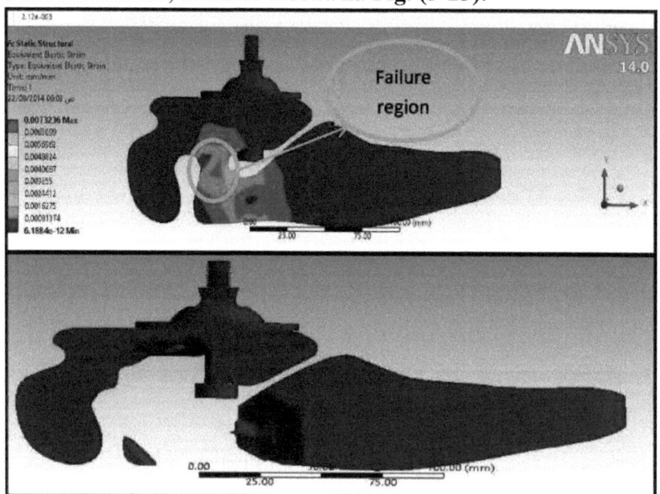

Fig. (5-23): Região do pé de rotura em desenvolvimento pelos resultados ANSYS.

Os resultados experimentais e numéricos da região do pé de rotura são a mesma região de rotura, como se mostra nas **Figs. (5-ll)** e **(5-23),** respetivamente.

5.4 Discussões sobre o teste do pezinho

5.4.1 Teste de dorsiflexão

Os dois pés protéticos não articulados têm uma boa dorsiflexão (7,5°) e (9°) quando comparados com a boa dorsiflexão do pé SACH (6,4°). O ângulo de dorsiflexão, o momento e o centro de massa são calculados através de um método computacional. **As Figs. (5-13), (5-14)** e **(5-15)** mostram que o ângulo de dorsiflexão aumenta à medida que a carga aumenta devido ao aumento do momento de flexão na articulação.

5.4.2 Discussão do ensaio de fadiga do pé

A configuração atual do aparelho de teste de fadiga é tal que aplica uma força conhecida utilizando dois cilindros pneumáticos, um no calcanhar e outro no dedo do pé, para simular a marcha com um pé protésico. O principal problema com este conceito é o facto de a força não ser aplicada durante todo o processo de pisar. Em vez disso, é aplicada nos dois extremos do ciclo. Ao concentrar a força de reação do solo em dois locais, são criadas regiões de desgaste artificial no ponto de aplicação do cilindro do calcanhar e do dedo do pé.

Recordemos que um ciclo completo de marcha é o período que decorre entre a batida do calcanhar de um pé e a batida seguinte do mesmo pé. Se testarmos apenas a batida do calcanhar e a batida do dedo do pé, este fenómeno não pode ser simulado, uma vez que os pontos de desgaste artificial ocorrerão no local de impacto da batida do calcanhar e da batida do dedo do pé, em vez de serem transmitidos ao longo de toda a fase de postura do ciclo de marcha.Os dois modelos de pé não articulado falharam em mais ciclos do que o pé SACH, porque contém tornozelos com vários arcos, e quilhas, que duplicam a dorsiflexão e as propriedades do material para o polietileno, tornam-se melhores do que as da espuma de borracha. Os resultados foram comparados com os de **Daher [24]** e **Kadhim [38], Fig. (5-24). Daher** efectuou uma investigação extensiva na qual nove tipos diferentes de pés SACH foram submetidos a ensaios cíclicos para avaliar a durabilidade dos materiais. Ele descobriu que as mudanças na resistência no calcanhar ocorriam após apenas 5000 ciclos. Muitos dos pés disponíveis no mercado, após o ensaio de fadiga, apresentavam uma resistência reduzida à carga devido à compactação da espuma. O pé protético **Kadhim** proposto ocorreu após apenas 1.233.417 ciclos e tem uma boa caraterística quando comparado com o pé SACH **[38].**

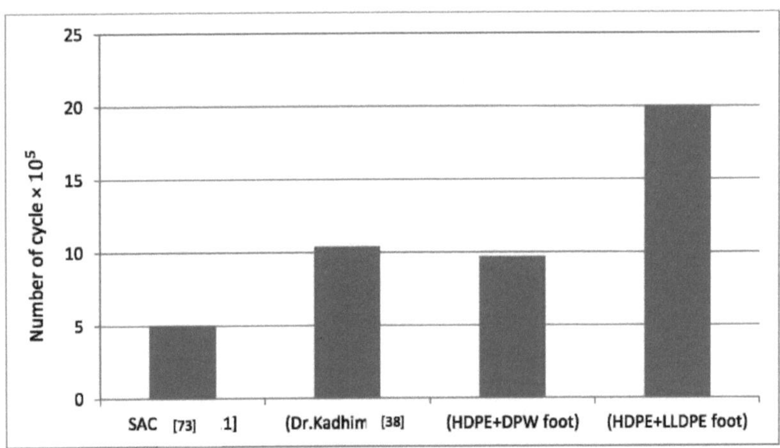

Fig.(5-24): Vida útil dos pés com diferentes tipos de pé com uma força de 846N.

O pé (HDPE e DPW) é comparado com o pé SACH em termos de custo e peso, de modo que o custo do pé não articulado é inferior ao do outro em cerca de (85%) e a redução de peso foi encontrada em cerca de 51.33% , também o pé de (PEAD e PEBDL) registou uma redução de peso de cerca de (2,4%), sendo que o pé não articulado de (PEAD e PEBDL) pesava cerca de (635 g) e o pé não articulado de (PEAD e DPW) pesava cerca de (365 g), enquanto o pé SACH pesava cerca de (650 g).

5.5 Estudo de caso de ensaio em humanos

Um voluntário local foi convidado a usar a prótese, a andar com ela e a dar feedback à equipa de design. O sujeito era um voluntário saudável do sexo masculino com 30 anos de idade. Na adaptação original, observou-se que o doente apreciava as diferenças biomecânicas dos dois modelos de pé não articulado em comparação com o modelo SACH, mas estava preocupado com a estabilidade do pé. Para além disso, o doente estava preocupado com o aspeto do pé. Os testes das próteses artificiais foram concluídos no centro de Bagdade. A pessoa amputada foi amputada no pé esquerdo de acordo com o desenho do pé protético, sendo difícil obter este tipo de pé. Um doente também comentou que se habituou rapidamente ao pé com o peso leve dos materiais do pé (HDPE e DPW) em comparação com o pé protético dos materiais (HDPE e LLDPE). **As Figs. (5-25), (5-26), (5-27), (5-28)** e **(5-29)** mostram o movimento do doente com o pé NOVO nas fases de meia-ponta, batida do calcanhar e saída do dedo do pé com um peso de (86 kg) e uma altura de 181 cm. O voluntário gostou da prótese dizendo "alguns ajustes e teríamos algo realmente bom para pessoas sem prótese", e deu-nos um feedback valioso para melhorar a prótese. O voluntário preferiu usar o pé não articulado de (PEAD e DPW) porque é mais leve.

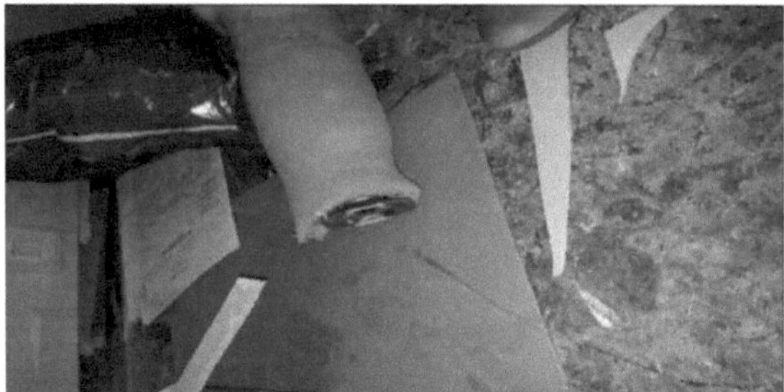

Fig. (5-25): Tipo de tomada de pilão com adaptador de contacto utilizado.

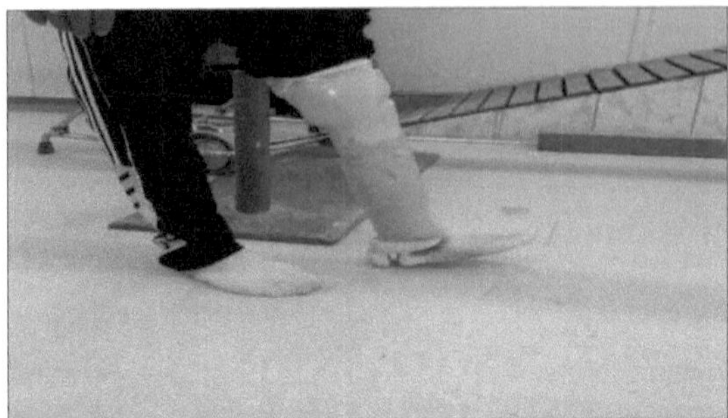

Fig. (5-26): Um voluntário usa o pé não articulado (fase de batida do calcanhar).

Fig. (5-27): Um doente usa o pé não articulado de HDPE e LLDPE (fase intermédia).

Fig. (5-28): Um doente usa o pé não articulado de HDPE e DPW (fase intermédia).

Fig. (5-29): Um doente usa o pé não-articulado (fase de "dedo do pé fora") ao caminhar.

CAPÍTULO 6

CONCLUSÕES E RECOMENDAÇÕES PARA O FUTURO OBRAS

6.1 Conclusões

O objetivo deste estudo foi fabricar o desenho ótimo de dois materiais diferentes e de dois pés protésicos diferentes a partir dos pés protésicos atualmente disponíveis. Os resultados obtidos numérica e experimentalmente permitem tirar as seguintes conclusões:

1. Tirar partido das propriedades dos materiais compósitos de (PEAD e PEBDL) para o fabrico do pé flexível não articulado permite obter um ângulo de dorsiflexão elevado e uma longa vida útil à fadiga, onde o .

2. Tirar partido das propriedades dos materiais compósitos (HDPE e DPW) para o fabrico.

3. O ângulo de dorsiflexão para o pé não articulado de (HDPE e LLDPE) é superior ao do pé SACH em 0,289, pelo que pode proporcionar uma flexão até um limite aceitável.

4. O ângulo de dorsiflexão para o pé não articulado de (HDPE e DPW) é superior ao do pé SACH em 0,147.

5. O alongamento do apoio ao longo de todo o comprimento do pé não articulado proporciona a melhor estabilidade ao perfil da marcha e uma longa vida útil.

6. O desenho especial com uma região com ranhuras na parte superior do pé não articulado aumenta o ângulo de dorsiflexão, o que conduz a uma maior flexibilidade no perfil da marcha.

7. O pé não articulado de (PEAD e PEBDL) é comparado com o pé SACH em termos de custo e peso; verificamos também que o novo peso é mais leve do que o de cerca de (2,4%).

8. A diferença de peso entre o pé não articulado de (PEAD e DPW) e o pé não articulado de (PEAD e PEBDL) foi de 42,52% em relação ao pó natural utilizado para fabricar o pé de (PEAD e DPW), de modo que o custo do pé não articulado é inferior ao do outro em cerca de (85%).

9. A vida útil (ciclos) do pé protético (PEAD e PEBDL) é superior à do pé SACH em

0,5914.

10. A vida (ciclos) do pé protético (HDPE e DPW) é mais longa do que a do pé SACH em 0,14576.

11. Os resultados experimentais e numéricos da região do pé de rotura mostraram uma aproximação à mesma região de rotura para ambos os métodos.

6.2 Recomendações para trabalhos futuros

Várias recomendações para trabalhos futuros podem ser resumidas nos seguintes pontos:

1. Bater o dedo do pé e o calcanhar para reduzir a largura (permitir que a prótese se encaixe mais facilmente num sapato).

2. Aumento da densidade e da espessura do crepe de borracha utilizado no calcanhar e na biqueira da prótese para aumentar a rigidez.

3. Efetuar mais testes sobre o pé não articulado apresentado para que possa ser utilizado comercialmente.

4. Modificar a técnica de fabrico do pé não articulado apresentado, de modo a que o pé possa ser fabricado utilizando um único processo de moldagem.

5. Modificar ainda mais a forma do pé não-articulado apresentado para aumentar as propriedades, especialmente a propriedade de impacto.

6. Utilizar um material compósito adequado no fabrico de um pé não articulado e verificar as propriedades mecânicas.

7. Variar a conceção global do pé não articulado, utilizando molas ou qualquer outro material elástico.

8. Tentar utilizar um pé não articulado de várias camadas em vez de uma camada para investigar a melhoria das condições de trabalho.

9. Estudo do efeito da temperatura nas propriedades mecânicas do pé protético não articulado.

10. Utilizar um adaptador em pirâmide com quatro orifícios em vez de um único orifício (reduzir a tensão no parafuso e evitar que as secções da prótese deslizem quando sujeitas a carga dinâmica).

CAPÍTULO 7

REFERÊNCIAS

l.Xu-Shu Zhang, Yuan Guo, Mei-Wen An e Wei-Yi Chen, "Análise dos dados cinemáticos e determinação da força de reação do pé no agachamento lento", Ata Mechanica Sinica, 29(1): 143-148,2013.

2 Ajit Kumar Varma, Vishak Varma, TS Mangalandan, Arun Bal e Harish Kumar, "Utilização de polimetilmetacrilato como substituto protético de ossos do pé destruídos - auditoria clínica", The Journal of Diabetic Foot Complications, 6(1): 1-12, 2014.

3 Gary D. Heise, Amanda Allen, Maryann Hoke, e Jeremy D. Smith, "Ground Reaction Force Charastic of Different Prosthetic Feet: an Immediate Response Case Study", Actas da Conferência da Reunião Anual da American ; janeiro de 2010.

4 Susan Kapp, Med, Cpo, Lpo e Joseph A. Miller, "Lower Limb Prosthetics", University of Texas Southwestern, National Naval Medical Center, Department of Orthopaedics and Rehabilitation, Department of Veterans Affairs 2009.

5 . Yadan Zeng B. A., "Design and Test of A Passive Prosthetic Ankle with Mechanical Performance Similar to that a Nature Ankle", MSc, Milwaukee, Wisconsin ,Marquette University, maio de 2013.

6 **A.** B. Wilson, "Limb Prosthetic", 6th Edition, Nova Iorque, Demod Publication, 1989.

7 Valerie Wellens, "Heel Compliance and Walking Mechanics Using the Niagara Foot Prosthesis", Mestrado, Divisão de Engenharia Biomédica da Universidade de Saskatchewan Saskatoon, 2011.

8 Carla F. Martins, Mohammad A. Irfan e Vikas Prakash, "Dynamic Fracture of Linear Medium Density Polyethylene under Impact Loading Conditions", Materials Science and Engineering, 465: 211-222, 2007.

9 Ogah, A. O. e Afiukwa J. N., "The Effect of Linear Low Density Polyethylene (LLDPE) on the Mechanical Properties of High Density Polyethylene (HDPE) Film Blends"

International Journal of Engineering and Management Science, 3(2) : 85-90, 2012.

lO.Bolten W., "Engineering Materials Technology", PP.2-5, 1998.

U.S. Ramakrishna J. Mayer, E. Wintermantel e Kam W. Leong, "Biomedical Applications of Polymer Composite Materials", 61:189-1224, 2001.

12 . Mohammad Kia, Antonis P. Stylianou e Trent M. Guess, "Evaluation of a Musculos Keletal Model with Prosthetic Knee through Six Experimental Gait Trials", Medical Engineering and Physics, 36: 335-344, 2014.

13 Joost Geeroms, "Study and Design of an Actuated Below-Knee Prosthesis", Ciências Aplicadas e Engenharia: Engenharia Eletromecânica, Engenharia Mecânica Universidade de Burssel, MSc, pp.20,21,22,32, junho de 2011.

14 . Hafner B. J., "Clinical Prescription and Use of Prosthetic Foot and Ankle Mechanisms: A Review of the Literature", Journal of Prosthetics and Orthotics, 17(4) pp. 5-11,2005.

15 Braddom R. L., "Physical Medicine and Rehabilitation", Philadelphia: W.B. Saunders : 263-352,2000.

16 . Derek W. Potter, "Gait Analysis of a New Cost Foot Prosthetic for Use in Developing Countries", Tese de Mestrado, Escola de Educação Física e de Saúde, Queen's University, Kingston, Ontário, Canadá, 2000.

17 . Ranjan Das, M.D. Burman e Sagar Mohapatra, "Prosthetic Foot Design for Transtibial Prosthesis", Indian Journal of Biomechanics, março de 2009.

18 Perry J., Powers C., Schweiger G., e Torbum L., "Below - Knee Amputee Gait in Stair Ambulation" , Clinical Orthopaedics and Related Research, , No. 303, pp. 185-192, 1994.

19 Quirk A., "Energy Storing Feet Written Assignment", 1988 22. Richardson T.L,ndustrial Plastics: Theory and Applications, 2 nd Ed, Delmar Publishers Inc., Estados Unidos, 1989.

20 Gailey R., "Functional Value of Prosthetic Foot/Ankle Systems to the Amputee", J-Prosthet Orthot.;17(4S):39-41, 2005.

21 .Laura A., Miller M. S. e Dudley S. Childress, "Analysis of a Vertical Compliance Prosthetic Foot", J. of Rehabil Res Dev;34(l):52-57,1997.

22 Rehab Tech, "Summary Information on Prosthetic Standards Available from Rehab Tech. "J. of Rehabilitation Research and Development, Vol.28, No.2, pp.79-90, 1995.

23 Daher R. L., "Physical Response of SACH Feet under Laboratory Testing", Bulletin of Prosthetics Research, Vol. 10, No.23, pp.4-50,1975.

24 R. Arvikar e A. Seireg, " Intersegment Foot Motion and Ground Reaction Forces with the Stance Phase of Walking ", J. of Engineering in Medicine Vol. 9, No. 2, pp. 67-83, 1980.

25 Toh S. L. , Goh J.C., Tan P. H. e Tay T.E., "Fatigue Testing of Energy Storing" Prosthetics and Orthotics International, 17, pp.180 -188, 1983.

26 Wevers H. W. e Durance J. P., "Dynamic Testing of Below -Knee Prosthesis: Assembly and Components " J. of Prosthetics and Orthotics International, 11, pp.117-123,1987.

27 Kabra S. e Narayanan R., "Equipment and Methods for Laboratory Testing of Ankle - Foot Prostheses as Exemplified by the Jaipur Foot", J. of Rehabilitation Research and Development, Vol.28, No.3, pp.23-34 , 1991.

28 Lehmann J.F. , Bessette S. , Dralle A. , Questad K. e Delateur B., "Comprehensive Analysis of Dynamic Elastic Response Feet : Seattle Ankle /Lite Foot Versus SACH Foot, " J. of Phys Med Rehabil, Vol.74 , pp.853-861, 1993.

29 Lehmann J.F. , Bessette S. , Dralle A. , Questad K. e Delateur B., "Comprehensive Analysis of Energy Storing Prosthetic Feet : Flex Foot and Seattle Foot Versus Standard

SACH Foot " J. of Phys Med Rehabil , Vol.74 , pp.1225-123,1993.

30 Daniel Jimeneze e Ivan Polizzi, "Prosthetic Foot Design", Meeh. Eng. Victoria University Press, 1998.

31 Francis J. Torst, " Energy Storing Feet " J. of the Association of Children's Prosthetic -Orthotic Clinics , Vol.24, No. 4, pp.82-101,2000.

32 K.P. Bryant e J. T Bryant, "Midterm Report Niagara Foot Pilot Study in Thailand", Canadian Centre for Mine Action Technologies, Department of Mechanical Engineering, Queen'n University, Kingston, Ontário, Canadá, 2002.

33 Glenn K. Kulte, Jocelyn S. Berge, e Ava D. Segal, "Heel - Region Properties of Prosthetic Feet and Shoes", J. of Rehabilitation Research and Development, Vol.41, No.4, pp.535-545, 2004.

34 Andrew H. Hansen, Michel Sam e Dudley S. Childress, "The Effective Foot Length Ratio: A Potential Tool for Characterization and Evaluation of Prosthetic Feet", J. of American Academy of Orthotics and Prosthetics, Vol. 16, No.2, pp. 41-45, 2004.

35 Kadhim K. Resan Al-Kinani, "Analysis and Design Optimization of Prosthetic Below Knee", tese de doutoramento, Faculdade de Engenharia, Universidade Tecnológica, 2007.

36 Anne Schmitz, "Stiffness Analyses for the Design Development of a Prosthetic Foot", tese de mestrado, Universidade de Wisconsin-Madison, 2007.

37 .R. Figueroa e C. M. Muller-Karger, "Using FE for Dynamic Energy Return Analysis of Prosthetic Feet During Design Process" , McGoron, C. Li, and W.-C. Lin (Eds.): 25th Southern Biomedical Engineering Conference24: 289-292, 2009.

38 . Brian J. South, Nicholas P. Fey, Gordon Bosker e Richard R. Neptune, "Manufacture of Energy Storage and Return Prosthetic Feet Using Selective Laser Sintering", Journal of Biomechanical Engineering by ASME 2010.

39 . Andrew H. Hansen e Dudley S. Childress, "Investigations of Roll-over Shape: Implications for Design, Alignment, and Evaluation of Ankle-Foot Prostheses and Outhouses" Disability and Rehabilitation, 32(26): 2201-2209, 2010.

40 Hansen A., Brielmaier S., Medvec J., Pike A., Nickel E., Merchak P., e Weber M., "Prosthetic Foot with Adjustable Stability and its Effects on Balance and Mobility", Minneapolis VA Health Care System, Northwestern University by American Academy of Orthotics & Prosthetics Scientific Symposium 21-24 de março de 2012.

41 Andrew H. Hansen e Eric A. Nickel, "Development of a Bimodal Ankle- Foot Prosthesis for Walking and Standing/Swaying", Journal of Medical Devices by ASME,7: 035001_035005, 2013.

42 . Robert J. Zmitrewicz, Richard R. Neptune, Judith G. Walden, William E. Rogers, e Gordon W. Bosker, "The Effect of Foot and Ankle Prosthetic Components on Braking and Propulsive Impulses During Transtibial Amputee Gait", J-Arch Phys Med Rehabil 87:1334-9, 2006.

43 . Nooranida Arifin, Noor Azuan Abu Osman, Sadeeq Ali, Hossein Gholizadeh, e Wan Abu BakarWan Abas, "Postural Stability Characteristics of Transtibial Amputees Wearing Different Prosthetic Foot Types When Standing on Various Support Surfaces", Hindawi Publishing Corporation The Scientific World Journal, Artigo ID 856279, 6 páginas, Volume, 2014.

44 Zahra Safaeepour, Ali Esteki, Farhad Tabatabai Ghomshe e Noor Azuan Abu Osman, "Quantitative Analysis of Human Ankle Characteristics at Different Gait Phases and Speeds for Utilizing in Ankle-Foot Prosthetic Design", BioMedical Engineering OnLine, 13:19, 2014.

45 . Brian S. Baum, Roozbeh Borjian, You-Sin Kim, Alison Linberg e Jae Kun Shim," Optimization and Validation of a Biomechanical Model for Analyzing Running-Specific Prostheses", 26th Southern Biomedical Engineering Conference SBEC,32: 365-367, 30 de abril de 2010.

46 . M. R. Pitkin, "Biomechanics of Lower Limb Prosthetics" (Biomecânica das próteses dos membros inferiores) Springer Verlag Berlin Heidelberg, 2010.

47 . VALERIE WELLENS "Heel Compliance and Walking Mechanics Using The Niagara Foot Prosthesis" M.Sc. Division of Biomedical Engineering University of

Saskatchewan Saskatoon,2011.

48 . Derek W. Potter "Gait Analysis of a New Low Cost Foot Prosthetic for Use in Developing Countries" Queen's University at Kingston , Kingston, Ontário, Canadá fevereiro de 2000.

49 . Eboatu, A.N; Akpuaka, M.U; Ezenweke, L.O e Afiukwa.J.N. "Use of some Plant Wastes as Fillers in Polypropylene" Journal of Applied Polymer Science, John Wiley Periodicals, Inc., EUA, 1447-1452, (2003). EUA, 1447-1452, (2003).

50 M.L. Van der Linden, S.E. Solomonidis, W.D. Spence, Ning Li e J.P. Paul, "A Methodology for Studying the Effects of Various Types of Prosthetic Feet on the Biomechanics of Trans-femoral Amputee Gait", Journal of Biomechanics 32, 877-889, 1999.

51 Markus Dettwyler, Alex Stacoff, Ine's A. Kramers-de Quervain e Edgar Stu'ssi "Modelação do Complexo Articular do Tornozelo. Reflexões em relação às próteses do tornozelo Foot and Ankle Surgery", 10 :109-119, 2004.

52 . Michel Sam "O pé protético 'Shape & Roll': I. Conceção e Desenvolvimento de Tecnologia Apropriada para Países de Baixo Rendimento". Medicine, Conflict and Survival, 24.4: 294-306, 2004.

53 . Hafner B. J., Sanders J. E., Czemiecki, J., e Fergason, J., "Energy Storage and Return Prostheses: Does Patient Perception Correlate with Biomechanical Analysis", Clinical Biomechanics (Bristol, Avon), Journal of Rehabilitation Research and Development, 17(5): 325-344, 2002.

54 . P. K. Sethi, M. P. Udawat, S. C. Kasliwal, e R. Chandra, "Vulcanized Rubber Foot for Lower Limb Amputees", Prosthetics and Orthotics Intemational,25:125-136, 1978.

55 . Morgan Carpenter, Carolyn Hunter e Dean Rheaume, "Testing and Analysis of Low Cost Prosthetic Feet", Worcester Polytechnic Institute, 2008.

56 . Bathe K. J., "Finite Element Procedure", Prentice Hall International Inc., USA, PP 1037, 1996.

57 . Especificações da American Society for Testing and Materials (ASTM), Fios de aço, Barras de aço inoxidável, "Specification for Stainless Steel Bars and Shapes", Data Modified, 2007.

58 . American Society for Testing and Materials Information Handling Services, "Standard Test Method for Tensile Properties", 2000.

59 . Rongxian Ou , Yanjun Xie , Michael P. Wolcott, Shujuan Sui e Qingwen Wanga, "Morfologia, propriedades mecânicas e estabilidade dimensional de compósitos de partículas de madeira/polietileno de alta densidade: Efeito da remoção da composição da parede celular da madeira", Materials and Design 58: 339-345,2014.

60 . Organização Internacional de Normalização, "Prosthetics -Structural Testing of Lower-Limb Prostheses", ISO 10328-L, 1996.

61 J. A. Pue'rtolasn, F. J. Pascual e M. J. Marti'nez-Morlanes, " Resistência ao Impacto e Fractografia em Polietilenos de Ultra Alto Peso Molecular " Journal of the Mechanical Behavior of Biomedical Materials, 30:111-122, 2014.

62 Xuegang Luo, Jiwei Li, Juan Feng, Songzhi Xie e Xiaoyan Lin "Avaliação de grãos de destilação como cargas para polietileno de baixa densidade: Mechanical, Rheological and Thermal Characterization", Composites Science and Technology 89: 175-179,2013.

63 **M.** Bohning, U. Niebergall, A. Adam e W. Stark, "Impact of Biodiesel Sorption on Mechanical Properties of Polyethylene", Polymer Testing 34: 1724, 2014.

64 Agoudjil B., Benchabane A., Boudenne A., Ibos L. e Fois M., "Renewable Materials to Reduce Building Heat Loss: Characterization of Date Palm Wood. Energy Build, 43(2-3):491-7, 2011.

65 Mariam A. Al Maadeed, Zuzana Ngellov, Ivica Janigova e Igor Krupa "Propriedades mecânicas melhoradas de compósitos de polietileno linear de baixa densidade reciclado preenchidos com pó de madeira de tamareira", Materials and Design 58, 209-216, 2014.

66 Mariam A. AlMaadeed, Zuzana Nogellova , Matej Mic'usik , Igor Novak e Igor Krupa, "Propriedades mecânicas, de sorção e adesivas de compósitos à base de polietileno de baixa densidade preenchidos com pó de madeira de tamareira", Materials and Design 53 29-37, 2014.

67 . Jody Van Rooyen, "Material Fatigue in the Prosthetic SACH Foot: Effects on Mechanical Characteristics and Gait", Bachelor of Prosthetics and Orthotics (Honours) La Trobe University Melbourne, Austrália, novembro de 1997.

68 Mustafa Ozen, Onur Sayman e Hasan Havitcioglu, "Modelação e análise de tensões de um complexo pé-tornozelo normal e de um complexo pé-tornozelo protético", Ata of Bioengineering and Biomechanics Vol. 15:19-27,2013.

Printed by Books on Demand GmbH, Norderstedt / Germany